AF338415

STATISTIQUE

BOTANIQUE

DU DÉPARTEMENT

DE LA HAUTE-GARONNE

PAR

CASIMIR ROUMEGUÈRE

Membre et Lauréat de plusieurs Sociétés savantes.

(Extrait de l'*Écho de la Province* du 5 avril 1876.)

PARIS

J.-B. BAILLÈRE ET FILS,

Libraires de l'Académie de Médecine et de la Société Botanique de France,

RUE HAUTEFEUILLE, 19.

1876

[illegible]

[illegible]

[illegible]

[illegible]

STATISTIQUE BOTANIQUE

DU DÉPARTEMENT

DE LA HAUTE-GARONNE

———

Un des plus zélés botanistes de notre zone méridionale bien au courant des besoins et des désirs de la grande famille des Botanistes, M. Duval Jouve, entretint, il y a quelque temps, la Société Botanique de France de la rédaction d'une *Statistique Botanique de la France*. Il était fait appel au bon vouloir des botanistes de la province pour l'exécution de ce projet dont le plan, qui en était tracé (v. *Bulletin Soc. Bot.* 1870 p. 211), semblait être pour tous le complément des bienfaits réalisés par la création de la Société botanique et l'exercice des sessions départementales. A la session extraordinaire d'Autun, un autre botaniste non moins dévoué que M. Duval Jouve, M. le Dr Eug. Fournier a repris, avec un égal succès d'approbation, la discussion du projet de l'intéressante statistique. Malheureusement cet appel réitéré n'a pas encore porté beaucoup de fruits.

Je suis pénétré, comme les deux savants botanistes que je viens de nommer,

de ce qui manque encore à nos chères
études. Comme eux, je voudrais que les
relations entre floristes fussent plus nombreuses et que nos moyens d'étude, dans
les villes de second ordre, fussent plus
abondants et plus multipliés. Je connais
plus d'un botaniste et je me range encore
avec eux, qui a regretté souvent d'igno-
rer l'existence de dépôts de livres et de
collections plus aisés à consulter que
ceux offerts par la Capitale, et qui par
faute de facilités de déplacement a dû retarder des travaux basés sur des observations d'un certain intérêt, les aban-
donner même après les avoir commencés.
Moquin Tandon, un des orateurs les plus
autorisés du congrès méridional, avouait
en 1834 « que l'anatomie et la physiologie végétales étaient peu cultivées dans
le Midi ». Il aurait pu dire alors, sans
crainte de semer trop de découragements
que cette partie majeure de la Botanique
n'était pas cultivée du tout et mieux que
personne, il aurait pu en indiquer la
cause. Moquin savait très bien que nous
manquions d'un laboratoire de Botanique, qu'on ne faisait et qu'on ne pouvait
faire à Toulouse de la botanique micro-
graphique, que les collections étaient ab-
sentes et la bibliothèque spéciale a peu
près nulle. La situation de 1834 est la
même chez nous en 1876! A Toulouse, il
y a presque impossibilité pour les botanistes d'entreprendre, faute de matériaux, les travaux d'organographie, même
les travaux descriptifs complets. S'il s'agit
d'écrire une monographie, de reviser une
famille, un groupe même de plantes, il
faut, ou faire des acquisitions de livres
onéreuses, sinon impossibles pour le bud-
get de l'étudiant botaniste, ou songer à
un déplacement que des attaches ou des

devoirs, primant le goût, rendent trop souvent difficile.

En attendant que les principaux centres d'étude soient dotés des éléments divers de travail qui leur manquent encore (1), les botanistes doivent user un peu plus des collections particulières. Il n'y a pas un seul ami de l'étude, pour si bien favorisé qu'il soit, qui n'ait à désirer de combler une lacune autour de lui ; il n'en est aucun non plus, qui, dans ces études si exclusives de l'ambition et de la jalousie, ne se prête avec plaisir à la communication des petits trésors qu'il a pu réunir. Aussi, rien ne me paraît-il plus pratique pour le choix des ressour-

(1) M. le professeur Clos a traité en 1857 (*Revue de l'Académie de Toulouse*, tom. 4) la question encore vivante de la pénurie de nos bibliothèques. « N'y aurait-il pas avantage, dit fort à propos cet écrivain, à ce qu'une commission composée de savants réprésentant les diverses branches des connaissances humaines fût chargée de dresser tous les ans, d'accord avec les bibliothécaires, la liste des ouvrages nouveaux les plus importants? Les achats de livres se feraient par égales parties pour chacune d'elles, et nos bibliothèques sortiraient ainsi de leur état de pénurie. » Et quant aux collections de plantes, M. Clos ajoute avec raison : « Paris est encore la seule ville de France qui possède des collections sèches de plantes de quelque valeur. Rien ne serait pourtant plus facile que de doter les principaux centres de la province de ces éléments précieux de travail. Quand le Museum d'histoire naturelle de Paris envoie des voyageurs explorer telle ou telle contrée, les mêmes objets sont ordinairement récoltés en nombreux échantillons. Que Paris se fasse la plus large part, rien de plus convenable, mais pourquoi ne pas répartir tous les doubles entre les principales villes de province ? »

ces à utiliser par chacun de nous que l'indication un peu détaillée (par département) des bibliothèques et des collections botaniques qui s'y trouvent.

C'est le résumé de ces ressources, en ce qui concerne la région de Toulouse, que j'expose dans l'ordre et dans les limites du questionnaire qu'a tracé M. Duval-Jouve. Puisse cette sorte d'inventaire en exciter la formation d'autres semblables ; car de telles informations ne peuvent être réellement utiles que si elles sont groupées pour former un ensemble de quelque importance. L'ébauche de ma *Statistique botanique de la Haute-Garonne* servira, peut-être même par ses défauts, à arrêter un cadre définitif tel qu'il devrait être proposé à nos confrères des autres départements, et n'aurait-elle que ce mince côté utile, je ne saurais éprouver du regret de l'avoir esquissée.

1º QUELS SONT LES HOMMES QUI SE SONT OCCUPÉS DE BOTANIQUE DANS LA HAUTE-GARONNE (1)?

Ici la botanique date seulement de la fin du 17e siècle. Il n'est donc pas possible de signaler un ancien adepte Toulousain avant cette époque qu'ont illustrée les fondateurs de l'anatomie végétale.

XVIIe SIECLE. *Bayle* (François), savant médecin Toulousain, l'un des fondateurs de l'Académie des Lanternistes, mort en

(1) J'indique uniquement dans la réponse à cette question les botanistes décédés et ceux qui n'habitent plus le département.

1709, ouvre la série des botanistes Physiologistes.

XVIIIe SIECLE. *Gouazé*, professeur à la Faculté de médecine de Toulouse, peu après l'institution Royale de la Société des sciences de cette ville, en 1730, eut pour premier soin d'organiser, dans les dépendances du local de la Société (rue Saint-Bernard), un jardin de culture et d'expériences. Gouazé est le premier maître qui ait donné à Toulouse des leçons publiques de Botanique. Quelques années plus tard, le jardin fut transféré à l'ancienne sénéchaussée. — L'Académie en possédait deux en 1746 : l'un pour les plantes usuelles qui y étaient rangées d'après leurs vertus ; l'autre consacré à la culture de toutes les espèces disposées suivant la méthode de Tournefort. On y démontra souvent, est-il dit dans les *Mémoires de l'Académie*, « plus de 1,300 espèces de plantes, c'est-à-dire beaucoup plus qu'à Montpellier, où l'on n'en démontrait que 700 environ, suivant M. Adanson. » Les leçons du professeur se bornaient, à cette époque, à faire connaître les noms des plantes et les vertus de celles-ci.

Dubernard (Guillaume), professeur de matière médicale et de botanique à la Faculté de médecine de Toulouse, vers l'année 1758, dirigea le jardin de l'Académie où « un grand nombre de plantes » du pays, des Pyrénées et des Indes » étaient cultivées avec succès. » Dubernard faisait des cours publics. Il fut chargé par l'Académie de préparer un *Botanicon tolosanum*, dont Gouazé avait fourni les bases.

Gardeil (Jean-Baptiste), correspondant de l'Académie des sciences de Paris,

connu plus tard par la traduction française des œuvres d'Hippocrate, vint en
1748 étudier la médecine et l'histoire
naturelle à Paris, où il fut l'élève assidu
de Bernard de Jussieu. Ce maître eût voulu
se l'attacher, mais l'amour du pays natal
l'emporta sur la reconnaissance de l'é-
lève. Gardeil fit pedestrement la route de
Paris à Bayonne toujours herborisant, et
« il rentra à Toulouse après avoir parcouru les Pyrénées avec un butin considérable de plantes rares. » En 1773, après
la suppression de l'ordre des Jésuites, il
obtint une de leur chaires à l'Université
de Toulouse, celle de mathématique, et
peu après celle de médecine. Quelques
années après, en 1780, la méthode des
familles naturelles fut substituée dans la
distribution du jardin de l'Académie à
celle de Tournefort. Cette réforme n'avait
été appliquée au jardin des plantes de
Paris que depuis l'année 1773.

Lapeyrouse (Picot de), né en 1744,
correspondant de l'Académie des sciences
de Paris, professeur d'histoire naturelle
à l'Ecole centrale de la Haute-Garonne,
mort doyen de la Faculté des sciences de
Toulouse en 1818. De concert avec le
docteur Dubernard, Lapeyrouse donnait
déjà des soins au Jardin de l'Académie en
1778. Ce fut lui qui, dans le but de placer ses premiers ouvrages de botanique
sous le patronnage de la Société savante,
lui fit renoncer à publier le *Botanicum
Tolosanum*. Voici ce que portent les dé-
libérations de l'année 1782 : « Outre que
les observations auxquelles les publications faites sous les noms de *Flora,
Hortus, Botanicon*, ne présentent presque rien de neuf, les savants ne recon-
naissent pas l'utilité de ces sortes d'ouvrages ; c'eût été en augmenter gratuite-

ment le nombre que de donner le *Flora Tolosana*. L'Académie a donc renoncé à son premier projet; elle se contentera de donner, en entier ou par extrait, les observations de ceux de ses botanistes qui ont été à portée d'en faire d'intéressantes dans les voyages qu'ils ont faits aux Pyrénées, aux Corbières, aux montagnes Noires ou ailleurs. » Lapeyrouse avait commencé ses pérégrinations des Pyrénées en 1763, celles des Corbières en 1775.

Tournon, docteur en médecine, correspondant de l'Académie des sciences de Toulouse, vint s'établir dans cette ville en 1783. Il étudia la Flore de nos environs, et adressa en 1786 à l'Académie de Bordeaux, sa ville natale, un *Mémoire sur les plantes aquatiques toulousaines* qui est resté manuscrit. Il indiqua le premier, à cette époque, le *Vallisneria spiralis* dans le canal du Languedoc.

Rességuier (le Bailly de), né à Toulouse le 23 novembre 1794, général des galères de l'ordre de Malte, (l'ami et le correspondant de Lapeyrouse, le protecteur du docteur Gérard, auteur du *Flora Gallo-provincialis*), à l'époque de l'administration des commanderies de Marseille et de la Cannebière, mourut à Malte en 1797. Il avait herborisé dans sa jeunesse aux environs de Toulouse et avait formé un *Herbarium Tolosanum*.

Ferrière (Antoine), jardinier en chef du Jardin des Plantes de Toulouse, prit part aux courses botaniques de Lapeyrouse dans les Pyrénées. Il organisa le transfert des plantes du jardin de l'Académie dans le vaste établissement des Carmes déchaussés, qui est le Jardin public actuel. Ferrière avait réuni, au commencement de ce siècle, 800 plantes pyrénéennes. Cette collection de prédilection de Lapeyrouse fut le noyau du nouveau Jardin. Les plantes des Pyrénées devaient être installées sur la montagne artificielle qui décore le fond de l'enclos et qui avait été uniquement élevée pour que les plantes trouvassent dans le jardin une situation analogue à celle de leur patrie.

Des rochers accidentés, des cascades, des ravins tels qu'en présentent les gorges des montagnes avaient été projetés et des filets d'eau à provenir du canalet qui baigne la montagne devaient entretenir une fraîcheur constante dans ce nouvel habitat des plantes des vallées Pyrénéennes et des glaciers. Ce projet ingénieux ne répondit pas au résultat espéré et ne tarda pas à être abandonné. La montagne se peupla de nombreux conifères et les plantes des Pyrénées furent répandues dans le jardin, dans l'Ecole de botanique, ou conservées en vases qu'on plaça sur des gradins en maçonnerie, derrière les serres, à l'exposition du Nordouest. Ferrière prit part à la célèbre ascension du Mont Perdu, dont Ramond a laissé un tableau si poétiquement coloré.

Lorsque l'impératrice Joséphine visita le jardin de Toulouse, Ferrière lui offrit un bouquet de plantes pyrénéennes parmi lesquelles elle choisit les nouveautés dont elle voulait doter les jardins de la Malmaison. Par son ordre, le jardinier Toulousain revint aux Pyrénées. Il traversa ensuite la France pour escorter jusqu'à la résidence impériale la colonie pyrénéenne. Joséphine ordonna qu'un petit bâtiment dépendant de la Malmaison fût affecté à son logement. C'est ainsi que Ferrière put connaître Bosc, Thouin, Vilmorin et les célébrités botaniques et horticoles du commencement de ce siècle, et lorsque les événements politiques le contraignirent à revenir à Toulouse, il conserva les relations de ces maîtres qui se plaisaient à l'appeler le *Molineri de Toulouse*. Ferrière a planté les magnifiques allées qui bordent les deux rives du canal du Languedoc, sur un parcours de 250 kilomètres ; il introduisit chez nous la culture de quelques plantes exotiques rares ou nouvelles, la Patate sucrée, l'Ananas, le Lin de la Nouvelle-Zélande. Il planta les premiers Magnolias connus à Toulouse ; il dota nos prairies naturelles d'un choix intelligent de graminées, alors que jusque là, elles étaient envahies par des plantes pernicieuses. Ferrière forma son neveu qui remplit encore aujourd'hui sa tâche si modeste et néanmoins si utile.

Marchand, avocat à Saint-Béat, mort en 1810, herborisa fréquemment avec Lapeyrouse dans les localités voisines de sa demeure. « Il fouilla avec opiniatreté, dit l'auteur de la Flore des Pyrénées, tous les rochers, tous les recoins des montagnes du canton. » Sa nombreuse correspondance avec Lapeyrouse, témoigne du zèle ardent de ce botaniste.

Boileau (Paul), pharmacien, à Bagnères-de-Luchon, explora, lui aussi, avec succès les montagnes de Luchon. Lapeyrouse loue, dans sa *Flore*, son zèle et son intelligence. « La collection de plantes qu'il a formée, dit celui-ci, est très belle, j'en ai tiré des espèces curieuses et il ma fourni des renseignements infiniment utiles. » Boileau trouva aux environs du port de Venasque une rareté pour la Flore française, un *Andromeda*, dont Salisbury fit le nouveau genre *Phyllodoce*.

Charpentier (Jean de), ingénieur saxon, élève de Werner, né en 1786, parcourut pendant quelques années la chaîne entière des Pyrénées, lorsqu'il s'occupait de son *Essai sur la constitution géognostique* de ces montagnes. Il fournit à Lapeyrouse quelques matériaux puisés dans les stations alpines centrales notamment. « Il a parfois égayé ses voyages géognostiques, dit notre floriste, en cueillant quelques Lichens, dans les lieux regardés comme inaccessibles ». Gaudin lui dédia le genre *Charpentiera*.

XIXe SIÈCLE. — *Villeneuve* (de), membre de l'Académie des sciences de Toulouse, s'occupa de botanique mycologique. Il avait peint un album de champignons qu'on signalait, il y a 50 années, (*bib. Mac-Carthy*) comme une œuvre de science et d'art à la fois.

Lapeyrouse (Isidore de), professeur de botanique à la Faculté des sciences, mort en 1835. L'auteur de la *Flore des Pyrénées*, avait eu le bonheur de transmettre à son fils, de son vivant, la double charge du professorat et de la direction du Jardin. Isidore de Lapeyrouse avait collaboré aux œuvres de son père, « notamment au *Supplément* » dit son biographe (l'œuvre faible du floriste) et « cette circonstance, ajoute le même biographe, fut cause du petit nombre de travaux qu'il a laissés ». Lapeyrouse fils avait accompagné son père dans les derniers voyages aux Pyrénées. Bien qu'il fît les herborisations exigées par le cours municipal pendant les 15 années de son professorat à la Faculté, Isidore de Lapeyrouse a très peu ajouté à la Flore locale et ses travaux de cabinet, dirigés vers l'anatomie et la physiologie des plantes, tiennent une bien petite place.

M. Bentham (Georges), le savant collaborateur de W. Hooker, et président actuel de la Société Linnéenne de Londres, visita attentivement les Pyrénées pendant l'été de 1825. Les matériaux qu'il recueillit le mirent tout d'abord sur la voie de diverses imperfections de la *Flore* de Lapeyrouse.

Chaubard (Louis-Anastase), géologue et botaniste, connu par sa participation à la *Flore Agenaise* de Saint-Amans, et par sa *Flore du Péloponèse*, résida à Toulouse à partir de 1834. Il parcourut divers points du département, recueillant les matériaux d'une étude qu'il ne devait pas avoir le bonheur de faire connaître, sa *Flore du bassin de la Garonne*. Chaubard mourut à Paris en 1854.

Dassier (A), docteur en médecine, puis directeur de l'école de médecine de Toulouse, mort en 1845, s'occupa de botanique avec passion. Il s'appliqua à l'étude des champignons comestibles et vénéneux.

Le Colonel *Serres* qui résida à Toulouse en 1833, comme capitaine attaché à l'Arsenal, explora avec beaucoup de soin la flore des environs de cette ville.

Moquin Tandon, professeur de botanique à la faculté des sciences, directeur du jardin des plantes, résida à Toulouse pendant près de vingt années (1834-1853). Un des bienfaits de l'administration de ce savant professeur fut la replantation de l'école de botanique qui date de 1854. En vue de favoriser la culture des vignes et l'élève des vers à soie, branches également importantes de l'industrie agricole et du commerce de nos contrées, Moquin créa une école de mûriers et une école de vignes. En multipliant et en vulgarisant les espèces recommandables, il rendit de réels services. Ces écoles, aujourd'hui entourées d'arbres, privées d'air et de lumière, sont devenues presque aussi inutiles qu'était le *jardin d'expériences* agricoles lors de l'arrivée à Toulouse de Moquin Tandon, qui en poursuivit la suppression. Le sol bas et humide de cette portion du terrain ne répondant plus aux soins qu'on lui donnait, il sembla plus avantageux pour les expériences elles-mêmes (et les faits ont donné raison à cette pensée) de confier les produits à essayer aux cultivateurs praticiens qui communiquent depuis à la Société d'agriculture les résultats qu'ils obtiennent. Moquin Tandon forma plusieurs élèves qui cultivèrent avec zèle ou qui cultivent encore l'aimable science. Il organisait fréquemment des herborisations autour de la ville. La cordialité du maître, son esprit fin et sa haute intelligence rendaient ces courses infiniment agréables; aussi les élèves de la Faculté et les gens du monde étaient-ils avides de participer à toutes les démonstrations de botanique que Moquin faisait dans la campagne.

Sarrat-Gineste, botaniste zélé et infatigable, mort à Marseille en 1867, a, pendant dix années, secondé à Toulouse Moquin Tandon dans la culture de la botanique. Les Pyrénées centrales et la Montagne-Noire (environs de Revel,) ont été fréquemment explorés par Sarrat-Gineste.

M. Duchartre (Pierre-Etienne). Ce botaniste distingué préludait en 1835, par ses herborisations Pyrénéennes, aux succès scientifiques qui devaient lui être réservés quelques années plus tard dans un éminent professorat. Les premières études de M. Duchartre chez nous, tendaient à dépouiller les plantes critiques des embarras de synonymie dont nos prédécesseurs les avaient surchargées, ou encore à réunir, en une seule plante, des formes jadis décrites comme autant d'espèces différentes.

M. Rodet (Henri), professeur à l'école vétérinaire, herborisa aux environs de Toulouse à partir de l'année 1844. Il publia chez nous, en 1847, des *Leçons de botanique élémentaire* qui ont eu à Lyon, en 1862, une seconde édition.

Boubée (Nérée), géologue instruit, fondateur d'un musée d'histoire naturelle à Saint-Bertrand (ce musée n'existe plus depuis la mort de Boubée, c'est-à-dire depuis 1859), n'a pas cessé pendant un grand nombre d'années d'explorer la chaîne des Pyrénées au point de vue de la géologie et de la botanique.

Sarthe, facteur des postes, mort très âgé en 1850 à Bagnères-de-Luchon, où il résidait. Ce collecteur botaniste fut pour les Pyrénées centrales le guide essentiellement utile que l'on retrouvait en Gaston Sacaze dans les Pyrénées de Barèges. Sarthe connaissait bien les plantes et leurs sites les plus cachés. Il a laissé un herbier de phanérogames pyrénéennes.

Colomiès (Omer), docteur en médecine, mon ancien et bien regretté compagnon d'études, mort jeûne encore, en 1849, à la suite des veilles et des fatigues que lui dictaient son zèle ardent de naturaliste et un besoin de tout connaître. Il avait réuni beaucoup de notes et de dessins qu'il se proposait d'utiliser pour une *Florula critica Tolosana* et dont une portion profita à la 2ᵉ édition de la *Flore* de M. Noulet.

Violet, chirurgien-major en retraite, mort à Toulouse en 1855. Ce botaniste, habitué de la bibliothèque Moquin, participait à toutes les herborisations de ce maître autour de Toulouse. Il faisait, chaque année, une excursion botanique aux Pyrénées. Il revit dans l'*Iberis*, que lui a dédié M. le docteur Jordan.

M. Arrondeau, professeur de physique au lycée de Toulouse, herborisa assidûment pendant trois années aux environs de sa résidence. Il se proposait de donner une *Flore toulousaine*, comprenant quelques découvertes heureuses qui lui appartenaient et celles constatées depuis l'apparition, en 1837, de la *Flore du bassin sous-pyrénéen*.

M. Baillet, professeur à l'Ecole vétérinaire, membre de la Société botanique, a utilisé son séjour à Toulouse par des études de botanique locale nombreuses et variées qui datent de 1859. Il a collaboré à la dernière édition de la *Flore* de M. le docteur Noulet.

Martrin d'Onos, auteur de la *Flore du Tarn*, mort à Toulouse l'année dernière, a porté ses investigations botaniques dans la portion du départemeut de la Haute-Garonne qui avoisine la région sujet de ses études plus completes.

Peyre (Armand), membre de la Société botanique et de la Société d'histoire naturelle de Toulouse, mort prématurément en 1871, avait beaucoup herborisé dans nos contrées avant de visiter en botaniste d'autres parties de la France , les Pyrénées et l'Italie.

M. Durieu de Maisonneuve, dont nous
connaissons tous les beaux travaux
consignés dans la *Flore algérienne* dirige, tous les ans, à l'époque des vacances,
des excursions botaniques suivies par un
grand nombre d'auditeurs des cours de
botanique qu'il fait à Bordeaux. Ces
excursions ont eu plusieurs fois pour but
l'exploration des Pyrénées centrales ,
Luchon et les vallées environnantes.

Parmi les botanistes étrangers qui ont
trouvé dans nos montagnes les éléments
de divers travaux de botanique , il me
reste à citer, après *M. G. Bentham*, un
autre savant anglais, *M. Richard Spruce*, un scandinave et un danois, non
moins savants, *MM. Zellerstedt et Lange* ;
enfin, un érudit italien, *M. Pietro Bubani*, dont nous attendons impatiemment
la grande *Flore pyrénéenne*, commencée
il y aura bientôt vingt ans , œuvre laborieuse et très méritoire , à en juger par
les fragments échappés à leur auteur ,
mais qui perd de temps à autre quelques-unes de ses nouveautés par suite
des recherches assidues et heureuses de
plusieurs de nos confrères.

2° QUELS ONT ÉTÉ LEURS TRAVAUX ?

Bayle publia divers ouvrages qui embrassent les sciences médicales , physiques et naturelles. Le *Tractatus de plantis* (Toulouse, 1700) est un traité de physique remarquable pour son époque et le
premier qui ait été publié à Toulouse,
où, depuis la découverte de l'imprimerie,

on se borna à produire des œuvres de théologie, de médecine et de droit. Dans un autre travail, qui fut aussi imprimé à Toulouse vingt-trois ans avant, sous ce titre : *Dissertatio de forma plantarum quæ explic. ex generatione fungi quæ est planta simplicissima* (1677), sans aborder les questions de la sexualité et de la fécondation des plantes, Bayle chercha à résoudre rationnellement les autres parties les plus ardues de la physiologie végétale. Sa doctrine, fort originale, est celle d'un libre penseur. Il est surprenant, comme l'a remarqué M. le professeur Clos (Mém. Acad. Toul., 1858), que Bayle n'ait cité dans ses ouvrages aucun des botanistes ses contemporains ou qui l'avaient précédé.

Gouazé a laissé un *Traité des plantes usuelles*, manuscrit que conservait à Toulouse, en 1810, Béguillet, naturaliste et bibliophile, dont la collection est dispersée aujourd'hui. Les registres manuscrits de l'Académie mentionnent encore les travaux suivants fournis par Gouazé :

1º *Sur l'utilité de la botanique;* 2º *Sur les fruits;* 3º *Sur la génération des plantes;* 4º *Sur les fleurs;* 5º *Sur la moelle des plantes;* 6º *Sur la vie, la nourriture et l'accroissement des végétaux;* 7º *Sur le pavot et ses usages.*

Dubernard, disent ses biographes, « a collaboré au *Botanicon Tolosanum.* » On lui attribue un livret anonyme de 28 pages, imprimé à Toulouse en 1782 (cité par Pritzel), sous ce titre : *Catalogue des plantes qui se trouvent dans les jardins de botanique de l'Académie royale des sciences.* C'est une simple nomenclature.

Gardeil est celui de nos prédécesseurs

dont les leçons et les écrits ont le mieux favorisé dans notre ville, au milieu du XVIIIe siècle, la connaissance de la botanique. Son premier mémoire, daté du 1er avril 1756 (Reg. mss. de l'Académie), a pour titre : *Sur deux espèces de Chenopodium peu connues aux environs de Toulouse.* Le second est de 1758 : *Mémoire sur les plantes graminées qui se trouvent aux environs de Toulouse.* Gardeil était parvenu à réunir 65 espèces dans les deux familles des graminées et des cypéracées.

Le bailly *de Rességuier* confia à son ami Lapeyrouse, avant de partir pour Malte, son herbier des plantes toulousaines, appuyé d'un inventaire descriptif. « Ces plantes (selon une mention manuscrite du docteur Tournon), conservées dans six grands cartons et accompagnées d'un index développé, figuraient en 1809 dans la bibliothèque du floriste pyrénéen. » L'herbier et le manuscrit de Rességuier durent faire partie plus tard du cabinet du colonel Dupuy, avec l'herbier de Chaix, le collaborateur de Villars. L'une et l'autre de ces collections sont aujourd'hui perdues pour nous.

Les travaux botaniques de *Picot de Lapeyrouse* ont tous été descriptifs et locaux. Ils seront indiqués dans la réponse à la 3e question qui va suivre. Je mentionne ici ceux d'*Isidore de Lapeyrouse* sur l'anatomie et la physiologie végétales. On ne connaît ces derniers travaux que par une analyse insérée dans les *Mémoires de l'Académie des Sciences de Toulouse* (série 2, tome I). Ils ne furent jamais imprimés en entier. Pritzel ne les mentionne pas. 1° *Facultés vitales des végétaux* (1814). L'auteur réfute

cette ancienne allégation : Les végétaux
ne sont que de la matière organisée, dé-
pourvue de tout principe vital. 2° *Mémoire sur un pied de mauve monstrueux*. Il s'agit de la fleur du *Malva
sylvestris*, dont la corolle a été convertie
en feuille. 3° *Système fibreux des végétaux* (1815). Isidore de Lapeyrouse applique à la physiologie végétale les idées
de Bichat sur la division des tissus ani-
maux. 4° *Sur les fleurs à enveloppes
uniques* (1816). C'est la détermination de
la nature de l'enveloppe florale considé-
rée dans sa structure, ses caractères et
ses rapports avec les étamines dans les
deux divisions des phanérogames. (Un
frère puîné d'Isidore, M. *Zéphirin de
Lapeyrouse*, qui n'a pas poursuivi l'étude
de la botanique, prit à Paris, quatorze
ans plus tard (citation du *Thesaurus* de
Pritzel), pour sujet de sa thèse de la li-
cence ès-sciences naturelles, ce même
thème : *Sur les fleurs à enveloppes uniques*). 5° *Considérations générales sur
les tissus simples* (1831). L'auteur continue les recherches qui l'ont occupé quinze
ans auparavant. Il essaie d'établir, dans
son second mémoire, l'existence des tissus
simples dans les plantes, de déterminer
le nombre de ceux qui concourent à former leurs organes, et d'indiquer les points
de vue sous lesquels on doit les étudier
pour parvenir à les connaître avec certitude.

Astier, chirurgien major, membre de
l'Académie des sciences de Toulouse ,
mort à Cintegabelle, a publié dans les
Mémoires de cette Compagnie ses *Idées
sur la fermentation* (1815). Contrairement à l'opinion exprimée par Buffon,
Astier prétendait que les mollécules or-
ganiques ne contribuent à la fermenta-

tion que lorsquelles sont déjà organisées
en animalcules ou en plantules, et que
ces derniers êtres seuls sont la cause effi-
ciente des maladies contagieuses.

La reconnaissance, plus encore que le
cadre tracé, me fait un devoir de ne pas
omettre de mentionner ici deux travaux
importants que *Moquin Tandon* écrivit à
Toulouse. Au premier rang figure sa
Tératologie végétale, qui date de 1841.
Tous les botanistes connaissent ce livre
classique ; ils savent que son auteur a eu
l'ingénieuse pensée d'appliquer aux plantes les idées du savant zoologiste Geoffroi
Saint-Hilaire. Un an avant, en 1840,
avait paru la *Monographie des chenopo-
dées*.

La question qui suit me permettra de
signaler à leur place quelques autres
travaux de Moquin Tandon.

3º QUELS OUVRAGES ONT ÉTÉ PUBLIÉS SUR LA BOTANIQUE DU DÉPARTEMENT ?

Picot de Lapeyrouse fit connaître son
premier travail de Botanique locale dans
les Mémoires de l'Académie de l'année
1782 sous ce titre : *Descriptions et figures
de quelques plantes des Pyrénées*. Cet
auteur a laissé un manuscrit en 2 vol.
in 4º daté de l'année 1796, avec ce titre :
*Mémoires pour servir à l'histoire des
plantes des Pyrénées et d'explication à
l'herbier de ces montagnes*. C'est une
simple énumération des espèces pyrénéennes avec l'indication des stations
telles qu'on les trouve indiqueées pour les
espèces mentionnées dans l'*Histoire abrégée* qui parut en 1813.

En 1795, le docteur *Tournon* résidant depuis peu à Bordeaux, donna le *Prospectus de la flore toulousaine*. On trouve la mention de cet ouvrage, aujourd'hui fort rare, dans le *Thesaurus*. Voici comment il est signalé par Pritzel : *Vidi prospectum floræ Tectosagum anno Reipublicæ quarto Burdigalæ editum, in quo auctor de suis in agro Tolosano annis 1783-1788 institutis botanicis loquitur excursionibus*. Par un heureux hasard j'ai rencontré cette année même à Toulouse le manuscrit de cet ouvrage, écrit de la main de Tournon, réuni à d'autres manuscrits non publiés par cet auteur. Le *Prospectus* (un petit registre in 4° de 60 pages, recouvert de parchemin), qui a pour titre : *Botanicon tolosanum* indique un millier environ de plantes distribuées dans le même ordre que l'auteur suivit plus tard pour sa *Flore toulousaine*. La préface du *Botanicon* contient une dédicace datée de l'année 1790, à MM. de l'Académie royale de Bordeaux. « M. Dubernard, doyen de la Faculté de médecine, dit Tournon dans cette dédicace, voyant que je m'adonnais à la botanique, m'engagea d'une manière particulière à faire imprimer mon journal d'herborisations. J'eusse peut-être cédé à l'invitation de mon professeur, si des affaires particulières ne m'eussent obligé à quitter ma patrie en 1788. Fixé d'une manière définitive à Bordeaux, j'ai dû renoncer à mettre la dernière main à la flore d'un pays qui m'intéresse. C'est entre vos mains, Messieurs, que je viens déposer ce manuscrit dont une partie a déjà été envoyée à l'Académie de Toulouse. » Plus loin, Tournon, donne l'extrait suivant d'une lettre du Dr Dubernard relative à la communication dont il vient de parler : « J'ai parcouru ainsi que M. de Lapeyrouse le *Botanicon tolosanum* avec bien de la satisfaction. J'ai même commencé à le transcrire pour mon usage et je me félicite beaucoup en mon particulier d'avoir enfin un ouvrage auquel je vous avais longtemps sollicité de travailler. L'Académie a été d'avis... » L'extrait s'arrête là. Il s'agit probablement d'une fin de non recevoir inspirée sans doute par Lapeyrouse qui venait d'obtenir du corps savant une mesure du même genre envers son autre correspondant l'abbé Pourret, qui était cependant un *ami* du botaniste de Toulouse et qui l'avait souvent scientifiquement obligé. L'Académie venait de mutiler le *Chloris narbonensis* et son auteur ne se consolait pas aisément de ce procédé que rien ne pouvait justifier.

Je mentionne un mémoire manuscrit de Tournon : *Conjectures sur le véritable nom de la plante dont les fleurs composent en partie les armes de France* ; il était annexé au *Botanicon* et il offre un véritable intérêt par les recherches historiques qu'il renferme. Tournon a pris pour épigraphe le verset 27, chap. 12 de l'évangile selon saint Luc. Il appelle ce saint le médecin évangeliste :

« Considérez les lis comme ils croissent, ils ne travaillent, ni ne filent, cependant je vous déclare que Salomon même dans toute sa magnificence n'a jamais, été vêtu comme l'un d'eux. » Ces paroles de l'évangéliste ont donné lieu à l'adoption du proverbe royal : *Apud Gallos, lilia neque laborant neque neunt.* Pour Tournon qui énumère longuement ses preuves, ce n'est point le *Lilium*

candidum (1) qui décore les armoiries
des rois de France, ce serait l'*Iris pseudo-
acorus*, « la flambe des marais ».

Selon Thore (*Chloris des Landes*), le
docteur Tournon dont il fut l'élève pro-
fessa la botanique à Bordeaux, de 1789 a
1792. On le retrouve à Toulouse, professeur adjoint à l'Ecole de médecine en
1823.

De 1795 à 1810, Picot de Lapeyrouse
donna les travaux suivants : 1º *Figures
de la flore des Pyrénées*, avec des descriptions, des notes critiques et des observations. 4 livraisons dans le format
in-folio, comprenant 43 planches dessinées
et peintes par Béguillet et par d'Aldé-
guier, représentent le tome 1er, le seul
publié. La dernière livraison porte quelquefois le titre de *Monographie des saxi-
frages*. Cette belle publication devait
s'étendre à 600 figures. J'ai signalé quatre
nouvelles planches tirées avant la lettre
et consacrées à des lichens crustacés des
Pyrénées. J'en ai offert l'édition entière,
comme souvenir lichénographique, à mes
correspondants. Depuis, M. Timbal-Lagrave à retrouvé un certain nombre de
planches du volume 11 du même recueil,
représentant toutes des phanérogames.
Il les a décrites. 2º *Mémoire sur le Val-*

(1) Malgré sa conclusion, Tournon ne peut
s'empêcher de faire l'éloge du Lis blanc et il
s'en acquitte de la manière suivante : « Quelle
texture admirable dans la substance des pétales
du Lis , quelle blancheur particulière dans sa
corolle ! quelle élégance dans ses étamines,
dans ses anthères versatiles qui ressemblent à
des chapitaux d'or placés sur le fût aminci
des colonnes qui entourent le lit nuptial de
cette belle liliacée. » Il aurait pu parler de son
arôme pénétrant et de son port majestueux.

lisneria, dans le *Journal de physique et d'histoire naturelle* (1799). Tournon est le premier découvreur du *Vallisneria* à Toulouse, ce dont Lapeyrouse ne convient pas. 3o *Du genre Bellevallia* (1809), dans le recueil précédent.

L'année *1811* vit paraître la *Flore de Toulouse*, par Tournon. Une 2e édition fut donnée, mais identique à la première, en 1827. L'auteur a suivi pour les espèces qu'il mentionne (1,000 phanérogames environ et 282 cryptogames), la méthode de Linné. Uee table présente les plantes selon l'époque de leur floraison ; une autre indique les noms patois ou vulgaires. Cette synonymie est bien étudiée et fait le principal mérite de l'ouvrage.

En abandonnant sa publication dans le format in-folio devenue trop onéreuse, *Lapeyrouse* n'avait pas discontinué ses recherches actives dans les Pyrénées et il allait en grouper les résultats dès 1813 dans un volume portatif ayant pour titre : *Histoire abrégée des plantes des Pyrénées et itinéraire des botanistes dans ces montagnes.* Cet ouvrage parut et eut un grand succès. Il devait être suivi d'un 2e volume qui eût réuni les cryptogames cellulaires mais l'auteur mourut sans réaliser ce projet. On a relevé les imperfections de l'œuvre de Lapeyrouse et, comme cela doit être pour un travail qui remonte au delà de soixante années, on la considère aujourd'hui comme bien insuffisante pour l'étude; cependant on pourrait la consulter et la méditer même, car les vues du floriste Pyrénéen sur l'établissement d'un grand nombre d'espèces jadis sévèrement critiquées, sont assez justement adoptées aujourd'hui par les botanistes qui s'éloignent avec un soin égal du camp des botanistes *extenseurs* et du camp des *réducteurs*.

Dans cette même année 1813, *Dralet*, conservateur des forêts et membre laborieux de la Société d'agriculture, qui avait accompagné Ramond au Mont-Perdu et communiqué à Lapeyrouse quelques découvertes botaniques intéressantes faites par lui dans les Pyrénées, publia en deux volumes in-8° la *Description des Pyrénées* où l'on trouve la liste complète des arbres et arbustes indigènes de ces montagnes.

C'est encore en 1813, qu'*Isidore de Lapeyrouse* appelé à succéder à la chaire de son père, communiqua un de ses premiers travaux de botanique. Ce fut une *Notice sur les plantes des environs de Toulouse* que l'on connaît par une analyse en neuf lignes seulement, renfermée dans les Mémoires de l'Académie de cette année. L'analyse parle sans les citer de « 119 espèces ou variétés non mentionnées dans la Flore. » Quelle Flore ? celle de Tournon qui avait paru depuis 2 ans, sans doute.

En 1815, *Picot de Lapeyrouse* fit insérer dans les Mémoires du Museum, son travail *Sur quelques espèces d'Orobes des Pyrénées*, et trois ans plus tard, en 1818 parut, à Toulouse, son dernier ouvrage, le *Supplément à l'histoire abrégée des plantes des Pyrénées*. La réputation scientifique de Lapeyrouse eût gagné si ce dernier volume n'était pas venu s'ajouter à son important labeur. Le *Supplément* présente des négligences au point de vue des descriptions que les amis les mieux intentionnés de l'auteur ne purent atténuer de son vivant. Lapeyrouse était âgé, sa vue avait considérablement baissé ; d'autre part, il s'était senti blessé de certains procédés dont avaient usé envers lui, prétendait-il, quelques-uns de ses confrères, et la violence avec laquelle il se défendit dans le *Supplément,* avec laquelle même il attaqua des botanistes savants et estimés, nuisit certainement beaucoup aux bonnes raisons qu'il eût peut-être pu donner pour rétablir ses droits.

Au nombre des manuscrits laissés par Lapeyrouse et dont il reste quelques traces, il faut citer sa *Monographie des Pins* (1818). Il n'existe qu'une analyse de ce mémoire dans le recueil de l'Académie des sciences de Toulouse qui se rapporte à l'année de la mort de l'auteur. Cette analyse fort écourtée ne parle pas, contrairement à ce que l'on pourrait supposer, de l'*habitat* du *Pinus pyrenaica,* espèce de Lapeyrouse qui a soulevé diverses discussions scientifiques. Cet *habitat* a été récemment constaté aux environs de Saint-Béat (*Mem. soc. Hist. naturelle de Toulouse* 1869), dans un périmètre assez réduit, par M. Timbal-Lagrave; mais depuis cette constatation des doutes se sont élevés dans l'esprit de cet habile botaniste quant au gîte de l'espèce, ce qu'indique une note qu'il a bien voulu me communiquer. L'analyse précitée, remontant à l'année 1818, parle du « jardin de Lapeyrouse » où le Pin des Pyrénées est planté ; mais cette espèce se trouverait aujourd'hui cultivée au village de Lapeyrouse, chez M. de Fumel, et c'est là que M. Carrière l'aurait étudiée quand il a rétabli l'espèce (*Monographie des Pins*).

On sait que le *Pinus pyrenaica* a été réuni par MM. Grenier et Godron, comme forme, au *Pinus Laricio,* et que les auteurs lui assignent un habitat un peu

vague, « les Pyrénées centrales ». Lecoq,
dans ses *Etudes sur la géographie botanique de l'Europe*, maintenant le Pin
des Pyrénées comme espèce distincte,
dit « quelle reste confinée dans les Cévennes et dans les Pyrénées espagnoles,
occupant au plus 6 degrés carrés, » citation qui manque encore d'exactitude. Au
reste, le Pin des Cévennes a été décrit
par les auteurs de la *Flore de France*,
comme autre forme du Pin Laricio. M.
Timbal-Lagrave ajoute dans sa note, et
c'est l'appréciation de la plante de M.
Carrière qui modifie son premier sentiment, que « son Pin de Saint Béat (Pyrénées centrales) est le *Pinus sylvestris
dans un état particulier*. Ce botaniste
possède un échantillon du *Pinus pyrenaica* provenant du jardin Colomic à
Bagnères-de-Luchon, et cet échantillon
rapprocherait la plante de Lapeyrouse du
P. Pumilio de Corse, tandis que la plante
du Parc de M. de Fumel et conséquem-
ment celle décrite par M. Carrière, se
rapprocheraient plutôt du *P. sylvestris*.
D'un autre côté, un ingénieur forestier,
M. Compagno, de Barcelonne, a assuré à
M. Timbal-Lagrave que le Pin Neyron
des forêts du Capsir est la plante de M.
Colomic. Ce serait probablement des graines de ce pin du Capsir que proviendrait
le jeune *Pinus pyrenaica* qui se trouve
en ce moment dans l'Ecole botanique au
jardin de Toulouse. Voilà où les botanistes en sont sur cette plante douteuse, qui
manque dans l'herbier de son premier
descripteur, et que l'on cherche depuis
longtemps, et encore sans succès, *in loco
natali*

En 1825, *Dralet* fournit aux mémoires
de l'Académie une notice *Sur un enva-
hissement des sapinières par le hêtre*.

C'est l'apparition du hêtre, essence inconnue jusqu'alors dans une portion des Pyrénées, après la destruction d'une antique forêt de sapins.

En 1826, un savant botaniste anglais, *G. Bentham*, qui fut attiré chez nous par la variété de notre flore, publia, avec des notes et des observations sur les espèces nouvelles ou peu connues, le *Catalogue des plantes indigènes des Pyrénées et du Bas-Languedoc.*

Jacques Gay, un des correspondants de Lapeyrousse, décédé membre de l'Institut, publia, en 1832, dans les *Annales des sciences naturelles*, un mémoire *Sur les plantes recueillies dans les Pyrénées, par Endress*, autre botaniste étranger, que l'Association d'échanges d'Eslingen avait chargé de venir explorer nos montagnes.

En 1833, le collaborateur de Bory de Saint-Vincent à la Flore du Péloponèse, le savant *Chaubard*, commença la rédaction d'un *Bulletin de nouveaux gisements en France de botanique*. C'est la partie botanique de la publication faite sous ce titre : Bulletin d'histoire naturelle de France, qu'éditait à Paris Nérée Boubée, un autre naturaliste du Midi. Tous les habitats des plantes toulousaines, compris dans le *Bulletin*, sont commentés et signés par Chaubard. Ce recueil, rare aujourd'hui dans les collections de livres, contient des portraits de naturalistes de l'époque, dont quelques-uns sont chers aux Toulousains ; ils ont été dessinés par Jules Boilly, qui s'était déjà fait connaître par la *Galerie des portraits des membres de l'Institut* et dont la perte récente a été un deuil véritable pour les beaux-arts. Il est à remarquer que Pritzel ne mentionne pas le *Bulletin* dans le

Thesaurus, ni dans la portion systématique de cet ouvrage : § *Effigies botanicorum* (1).

Un membre de la Société d'agriculture de Toulouse, *Roucoule*, publia en 1835 dans le *Journal* de cette Société, son *Mémoire sur le saule blanc*.

L'année suivante, en *1835*, un jeune botaniste qui ne devait pas tarder à occuper dans la science un rang éminent, M. *P. E. Duchartre* fît insérer dans les *Annales des sciences naturelles* un *Mémoire sur le Saxifraga stellaris des Pyrénées*. L'auteur démontra que le *S. stellaris* de Linné et le *S. Clusii* de Gouan étaient la même plante. Cette opinion a été partagée depuis par tous les botanistes descripteurs sauf par MM. Grenier et Godron,

(1) Pritzel ne mentionne dans son livre aucun ou presque aucun des mémoires locaux que j'indique ici, bien que la plupart aient été l'objet d'un tirage séparé. Au surplus, cette omission est moins grave que celle qu'on peut signaler dans la 2e édition de cet important ouvrage, parvenu comme l'on sait au commencement de la lettre T et arrêté par la déplorable fin de son auteur. La partie systématique de l'ouvrage qui, dans la 1re édition, est presque aussi importante comme étendue que le catalogue lui-même, n'a pas été jointe au nouveau tirage. Un très-grand nombre de publications, signalées avec raison dans l'édition de 1851, n'ont pas été relatées dans celle de 1872 (écrite en 1869). Il résulte de cette circonstance que la possession de la nouvelle édition, fût-elle continuée, ne saurait dispenser pour les recherches de la possession de l'ancienne, incontestablement écrite avec plus de soin. Ajoutons cependant que le *Thesaurus* de 1872 renferme une amélioration, c'est la date et le lieu pour la naissance et la mort des auteurs et l'indication des éloges ou biographies qui les concernent.

qui ont maintenu dans la *Flore de France* le *S. Clusii* comme variété du *S. stellaris*.

En même temps que paraissait ce mémoire, M. *Duchartre* éditait sa *Flore pyrénéenne*, recueil de plantes en nature dont il parut 10 fascicules de vingt espèces chacun, accompagnés d'étiquettes synonymiques détaillées. Cette publication a ouvert la voie à la révision des plantes de Lapeyrouse qui exerca, dans ces derniers temps, on le sait, la sagacité de plusieurs botanistes. M. le professeur Clos, notamment, cite fréquemment l'*Exsiccata* de M. Duchartre dans sa *Révision* de l'herbier du floriste pyrénéen.

Un capitaine d'artillerie adonné à l'étude des fleurs, et qui était fixé en résidence à Toulouse en 1836, J. Serres, consigna le résultat de ses récoltes autour de la ville dans la *Flore abrégée de Toulouse*. C'est un simple catalogue indiquant les stations et l'époque de la floraison de 1,200 plantes phanérogames environ, mais qui régénérait chez nous le livre de Tournon, seul guide alors de l'herborisation. Serres, décédé colonel en retraite, avait publié, quelques années avant sa mort, une étude sur les plantes des Pyrénées. Son herbier a été acquis par le petit Séminaire de Gap.

La *Flore du bassin sous-pyrénéen* de M. le docteur *Noulet* suivit de près (1837) la publication du catalogue du capitaine Serres. Ce livre limité aux plantes phanérogames, outre qu'il était plus complet que les deux publications locales dont nous venons de parler donnait, pour la première fois chez nous, des descriptions détaillées et des stations précises. Le bassin sous-pyrénéen est circonscrit par une ligne passant par Pamiers (Ariége),

Martres , l'Isle-en-Dodon (Haute-Garonne), Mirande, Condom (Gers), Agen (Lot-et-Garonne), Caussade (Tarn-et-Garonne), Albi et Gaillac (Tarn).

En 1838, avec la collaboration du docteur *Dassier*, l'auteur de la *Flore du bassin sous-pyrénéen*, produisit le *Traité des champignons comestibles et vénéneux*, observés dans les localités qui avaient motivé son premier ouvrage. Cette publication, calquée sur le Traité du même genre qu'avait donné Persoon, est accompagné de 42 lithographies coloriées au pinceau par un artiste polonais, M. Madzelewski.

Un botaniste italien, *M. Pietro Bubani*, que les événements politiques de son pays avaient amené à résider pendant dix années en France, consacra, durant ce temps, toute son activité à l'exploration botanique des Pyrénées françaises et espagnoles et à visiter les bibliothèques de Toulouse et des autres villes du Midi. Les matériaux qu'il recueillit étaient destinés à la rédaction d'une *Nouvelle Flore pyrénéenne*, que les amis des fleurs attendent encore, mais dont ils ont eu l'avant-goût par quelques notices isolées dues à ce zélé botaniste. Les *Annales des Sciences naturelles* de Bologne de l'année 1842 publièrent ses *Schœdulæ criticæ ex mss. Floræ Pyrenaicæ et Herb Lapeyrusianum.*

Le *Journal* de la Société d'agriculture de l'année 1844 fit connaître une intéressante *Notice sur le chardon à foulon* due à *M. de Morlarieu.*

Moquin Tandon qui s'était défendu de s'occuper de la Botanique toulousaine, prit la plume en 1845 pour faire connaître, dans les Mémoires de l'Académie, les découvertes d'autrui. Sa *Note sur quatre plantes nouvelles pour la Flore de Toulouse* est relative aux *Mélilotus parviflorus, Poa dura, Echinaria capitata*, signalés par M. Rodet, et *Labrea aquatica* rapporté par Sarrat-Gineste. Peu après, le savant professeur fit insérer, dans le même recueil, une deuxième *Note sur sept plantes nouvelles* pour notre flore. Six de ces dernières plantes avaient été trouvées par M. Arrondeau, une par Sarrat-Gineste.

En 1846 parurent à Toulouse : 1° la *Notice sur le Pastel (Isatis tinctoria)*, dont la culture fut anciennement et fructueusement pratiquée dans le Lauragais, notice due à *Dubor*, membre de la Société d'agriculture ; 2° les *Additions et corrections*, par l'auteur de la *Flore du bassin sous-pyrénéen*.

M. Robert Spruce, qui était venu fouiller les Pyrénées, afin de connaître les nombreuses et élégantes muscinées qui y croissent, publia à Londres, en 1847, un exsiccata sous ce titre : *Musci Pyrenaici quos in Pyrenæis centralibus occident. que nec non agro syrlico scripsit*, comprenant 231 espèces. Le complément de ce recueil, rare aujourd'hui, les *Hepaticæ Pyrenaicæ*, renferment 77 espèces. Un texte contenant des observations et des descriptions se rapportant à la collection en nature parut en 1849, dans l'ouvrage périodique anglais : *Annal and magazine of natural history*.

Parmi les nouvelles espèces pour notre pays que fait connaître M. Spruce, je signale l'*Hypnum elegans* Hook, de la région subalpine des Pyrénées centrales, omis dans la *Bryologie européenne* et dans le *Synopsis* de M. Schimper et décrit à tort, en 1862, comme une nouveauté, par MM. Milde et Juratska. M. Zetterstedt a signalé cette espèce qui est abondante à Cazaril, à Castelviell (Haute-Garonne) ; on l'a retrouvée sur la terre au bois de Sajust, près de Bagnères-de-Luchon, et, depuis plusieurs années, M. Fourcade l'observe au bois de Gouardère. M. Lindberg a signalé 15 synonymes de cette singulière mousse dans ses *Animadversiones* (1867). Je rappelle encore le *Tortula vinealis v. nivalis* de Spruce, magnifique espèce qui ne s'écarte pas des rochers formant l'enceinte du lac d'Esquierry (Haute-Garonne), que M. Schimper a décrit dans le *Synopsis* sous le nom provisoire de *Grimmia gigantea*. Cette mousse, toujours stérile, offre une certaine ressemblance avec une espèce de la Nouvelle-Grenade, dont on connaît la fructification, le *Dicranum speciosum* Hook et Wills. Le premier observateur en France étant Spruce, il faudra le constater dans la nouvelle description de l'espèce lorsqu'on rencontrera ses fruits, s'ils se montrent et s'ils s'éloignent toutefois de ceux de l'espèce américaine. M. Fourcade et moi-même avons recueilli cette espèce qui n'est pas rare au gîte d'Esquierry ; elle avait échappé à M. Zetterstedt en 1865. La tige de la plante pyrénéenne mesure régulièrement 30 centimètres, et plus de hauteur. Dans les Alpes de Franconie, elles atteignent à 20 centimètres seulement, et aux environs de Salsbourg (Autriche), à 10 centimètres à peine. M. Lindberg, dans son examen des Trichostomes (1864), voit une grande ressemblance entre cette mousse et le *Leptodontium aggregatum*, de Java. Il indique neuf synonymes restés pour la plupart manuscrits dans les collections. Je note encore dans les autres espèces

Pyrénéennes nouvelles de Spruce, l'*Hypnum pyrenaicum* que M. Schimper réunit sans doute à tort à la synonymie de l'*H. Oakesii*, publié un an plus tard, par Sullivant, en 1848 ; enfin les *Hypnum striatulum* et *heteropterum*, les *Isothecium chryseum* et *Philippeanum*, l'*Hymenostomum murale*. Le *Funaria convexa* Spr. a été conservé dans tous les ouvrages de Bryologie.

La publication de M. Spruce excita le zèle des botanistes Toulousains. Aidé par quelques amateurs de la botanique et par des élèves de la Faculté des sciences, *Moquin Tandon* avait rédigé un *Catalogue des Mousses de la Haute-Garonne*, fruit des recherches de tous, qu'il communiqua à l'Académie des sciences de Toulouse, et dont on trouve la citation dans les Mémoires de l'année 1847. La mention faite par l'Académie avec cette promesse « sera imprimé » n'eut pas de suites. Pourquoi ? Moquin Tandon s'était mis en rapport avec M. Schimper. Il aurait voulu que la distribution des espèces de son Catalogue ne s'éloignât pas trop de la classification du *Bryologia Europœa* annoncé alors, mais que les auteurs ne devaient pas publier encore. M. Schimper dut être aussi réservé envers le professeur de Toulouse qu'il l'avait été peu de temps avant envers un autre ami, C. Montagne, qui, lui aussi, avait eu le désir d'appliquer les idées de groupement naturel de l'éminent bryologue à ses *Considérations générales sur la famille des Mousses* (1846), écrites pour le dictionnaire d'Histoire naturelle de d'Orbigny. Moquin Tandon retint alors son manuscrit.

Dix ans après, en 1857, lorsque l'Académie des sciences de Toulouse eut couronné les *Descriptions et figures des mousses et des lichens du bassin de la Garonne,* Moquin-Tandon adressa ses félicitations à l'auteur, son ancien élève et son ami, et lui offrit son manuscrit et la collection des mousses que ce dernier accepta. « Mon cher ami, voici mon catalogue et mes mousses, dit Moquin dans sa lettre de Paris du 3 juin 1857 ; le tout vous arrivera avec ce billet. Vous en ferez ce que vous voudrez ou ce que vous pourrez. Je suis bien décidé, je crois vous l'avoir écrit, à ne rien publier sur ce sujet. Dans mon manuscrit, deux choses sont exactes, les *noms* (Schimper les a tous revus), et les *habitats*, qui ont été notés avec beaucoup de soin. Tout le reste ne compte pas. Les synonymes soulignés sont ceux que je venais de vérifier quand je me suis arrêté. J'avais commencé, ou recommencé mon travail, par réarranger ma collection ; puis j'avais entrepris le travail scientifique, me servant d'abord des livres de ma bibliothèque, et me proposant d'aller, plus tard, dans les bibliothèques et les herbiers de Paris. Ma rédaction *perdue* présentait une chose que je regrette. Schimper, dans son grand ouvrage, s'est occupé des groupes (qu'il appelle mal à propos des familles), sans aucun ordre. Il devait donner son classement général avec la dernière livraison. Aidé par son livre, par sa correspondance et par mes propres observations, j'avais devancé son travail et distribué les genres à ma manière. Vous savez que la plupart des bryologues ont très mal placé les *Sphagnum* et les *Andræa*. Autant que je puis m'en souvenir, j'étais arrivé à un groupement assez naturel. La classification de Schimper devait paraître l'année dernière. Ne m'occupant plus de mousses, j'ignore si elle a été publiee (1) ; mais j'ai la presque certitude que mon arrangement valait plus que le sien... »

Je raconte et ceci est une page de l'histoire de la botanique toulousaine qui ne saurait être mieux placée que dans une statistique locale, car sans l'occasion de cette redaction elle eût eté ignorée encore tout comme l'existence de l'écrit de Moquin, que je conserve soigneusement et qui sera déposé un jour dans les collections de la ville. Le manuscrit de Moquin et les types de mousses en nature qui l'accompagnent, forment un fort volume in-4°. L'auteur a écrit sur le recto seul des feuillets , tout comme s'il eût destiné son texte à l'impression. Il débute par un *Avant propos* dans lequel il explique l'origine de son étude ; il détaille ses pérégrinations diverses (environs de la ville , bois de Laramet, collines de Pech-David, berges du canal du Languedoc et du canal latéral à la Garonne, bords de la Garonne, de l'Ariége, du Touch et du Lhers ; fcrèt de Bouconne et partie septentrionale du département, Saint-Gaudens, Saint-Bertrand , Bagnères-de-Luchon ; les stations les plus élevées : vallées de Barousse, du Lys, de Burbe, lac d'Oncet, etc., etc.) Moquin-Tandon fait la comparaison du résultat de son étude avec les *Flores* publiées dans le midi de la France qui mentionnent les mousses. Il esquisse à ses différents aspects physiques le territoire

(1) Au moment où cette lettre était écrite, le *Corollarium* présentant la classification adoptée pour la *Bryologie européenne* avait paru depuis un an, avec la dernière livraison de ce grand ouvrage (1856).

du département de la Haute-Garonne et rappelle que c'est uniquement à cause du nombre considérable des mousses qui se trouvent aux environs de Luchon, qu'il a cru devoir suivre dans son travail la division administrative du département plutôt que les limites naturelles de la *Flore toulousaine*. En clôturant son avant-propos, Moquin désigne les personnes qui ont concouru à son exploration bryologique. Mes recherches ayant été communes pendant dix années pour la partie cryptogamique avec le savant professeur, il veut bien me citer à côté de MM. Arrondeau et Filhol. Il cite encore l'infatigable Sarrat-Gineste, dont il loue bien à propos les services utiles ; le docteur Omer Colomiès, MM. Lespès, de Montcalm, de Saint-Simon et Ferrière, jardinier chef du Jardin des Plantes. La portion essentielle du catalogue est la distribution de ses 214 espèces. Moquin place le genre *Sphagnum* hors cadre, en tête des *musci* ; le genre *Andrœa* est également distinct.

Le *Journal des propriétaires ruraux*, qui est celui de la Société d'agriculture, fit connaître, en 1848 et en 1849, deux notices de *M. de Lasplanes* sur la *culture du riz près de Toulouse* et sur la variété qui y prospère. Les essais de M. de Lasplanes, continués pendant plusieurs années, n'ont pas eu des imitateurs dans le pays toulousain et à la mort de M. de Lasplanes cette culture a disparu du territoire de Colomiers où elle semblait prospérer dans les colmatages artificiels.

Trois études de botanique locale, dues à *M. Arrondeau*, professeur au Lycée de Toulouse, précédèrent la *Flore* que ce zélé botaniste préparait depuis quelques années : 1° La *Monographie du genre*

Rosa, dans le pays toulousain, fut insérée en 1850 au Bulletin de la Société Linéenne de Bordeaux ; 2° l'*Essai de topographie végétale des environs de Toulouse,* parut dans les Actes du Congrès scientifique de France, de l'année 1852, et la *Monographie des espèces du genre Cerastium de la Flore toulousaine,* vit le jour à Bordeaux en 1853.

Dans cette même année 1853, le savant lichénologue suédois W. Nylander, inséra dans le *Nya bot. notis* un travail spécial dont le tirage à part est aujourd'hui difficile à rencontrer. C'est le *Collectanea Lichenologica in Gallia meridionali et Pyrenœis.* La portion du département de la Haute-Garonne, explorée par ce botaniste, comprend : 1° Les environs de Luchon, où il a trouvé un concours utile en M. Boileau fils ; 2° les stations les plus élevées du port de Venasque. Il signale 55 espèces de lichens dans la partie sub-alpine et 20 dans la partie alpine, espèces toutes connues ; néanmoins le *Collectanea* mentionne trois nouveautés : le *Lecidea candida* Nyl., forme voisine du *L. mamillaris,* sur les roches schisteuses des Pyrénées centrales ; le *Lecidea eucarpa* Nyl., forme à thalle absent pouvant dériver du *Lecanora cervina* ; enfin le *Lecanora pyrenopsoides* Nyl., sur les schistes calcaires de Cazaril de Luchon, passé aujourd'hui, à cause d'une plus complète étude des éléments du thalle, dans le genre *Collema.*

En 1854, c'est encore un savant étranger qui fournit la principale publication botanique intéressant notre pays. *M. C. Muller,* l'auteur bien connu de l'ouvrage le plus complet que nous possédions encore sur les mousses du monde entier, publia (texte allemand) dans le

Botanische Zeitung, ses *Matériaux Bryologiques pour la Flore des Pyrénées.*

Les publications de l'année suivante appartiennent toutes à des nationaux. Voici les nombreuses contributions de *M. Timbal-Lagrave*, que l'on retrouve en 1855, la première dans le Bulletin de la Société botanique, les autres dans les Mémoires de l'Académie des sciences de Toulouse : *Histoire botanique du genre Viola; Note sur le Galeopsis Filholiana* (forme pyrénéenne qui tient le milieu entre les *G. dubia* et *intermedia*) ; observations *Sur une espèce de Phalaris ; Note sur le Ranunculus tuberosus ; Note sur le Scleranthus polycarpos ; Note sur l'Urtica membranacea ; Note sur trois nouvelles espèces de Cyperus* des environs de Toulouse.

Les exemplaires de la *Flore du Bassin sous-pyrénéen*, éditée en 1837, étant à peu près épuisés, l'auteur publia en 1855 une sorte de résumé de ce livre sous le titre de : *Flore analytique de Toulouse et de ses environs.* C'est un guide pour les herborisations, comprenant deux parties : La première est un catalogue des plantes phanérogames qui croissent autour de la ville ; la deuxième est consacrée à une disposition dichotomique des genres et des espèces dont on trouve les caractères botaniques et la synonymie dans l'édition de 1837. Un deuxième tirage de la *Flore analytique* eut lieu en 1861.

M. le professeur *Arrondeau* ne pouvait retarder d'utiliser plus longtemps les matériaux qu'il avait réunis pendant dix années autour de Toulouse ; aussi se détermina t-il à donner en *1856* sa *Flore Toulousaine*, ou catalogue des plantes qui croissent spontanément ou qui sont cultivées en grand aux environs de Toulouse. Les plantes phanérogames et les cryptogames vasculaires mentionnées dans ce nouveau livre sont disposées suivant la classification proposée par Ad. Brongniart.

Durant la même année 1856, le *Bulletin de la Société botanique* accueillit la note de *Montagne*, sur *un champignon monstrueux trouvé par M. Léon Soubeyran dans les souterrains des eaux termales de Bagnères-de-Luchon*, et les deux notices de M. J. Gay, *sur les Andrœa trouvés dans les Pyrénées* des environs de Luchon *par M. Durrieu*. Les découvertes du savant et modeste professeur de Bordeaux élevaient alors à cinq le nombre spécifique de ces mousses rares, dans les Pyrénées.

L'année *1857* fut plus abondante que les années précédentes en productions de botanique locale. M. le professeur *Clos*, dans le but d'amoindrir les conséquences que pouvaient avoir les détériorations subies par les plantes de l'herbier de Lapeyrouse (donné à la ville), et aussi pour venir en aide aux descripteurs éloignés qui se trouvaient empêchés de consulter ce précieux dépôt, publia dans les Mémoires de l'Académie de Toulouse la *Révision comparative de l'Herbier et de l'Histoire abregée des plantes des Pyrénées*. De son côté *M. Serres* compléta ses recherches sur le même sujet commencées en *1855*, dans une étude insérée au *Bulletin de la Société botanique* sous ce titre : *Note sur quelques espèces nouvelles ou controversées de la Flore de France*. L'auteur s'est proposé sinon de constater à son profit un droit d'antériorité d'observation, du moins d'ajouter à la révision de M. Clos

les remarques qu'il avait faites durant
son séjour à Toulouse, vingt ans auparavant, dans l'herbier de Lapeyrouse.

Un livre destiné à l'enseignement dans
les Ecoles vétérinaires, la *Botanique agricole et médicale*, fut publié en 1857
par M. Henri Rodet. L'auteur limite
son examen des plantes spontanées aux
territoires voisins des trois Ecoles spéciales (Lyon, Belfort, Toulouse). Ayant
résidé longtemps parmi nous et y ayant
étudié notre Flore, il a pu en faire un tableau exact dans son livre.

M. Timbal-Lagrave poursuivant l'examen des plantes critiques, fournit aux
Mémoires de l'Académie de Toulouse,
deux notes descriptives et détaillées *sur
le Ranunculus ophioglossifolius et sur
l'Erodium petrœum* (1857).

L'Académie couronna cette année un
labeur préparé depuis de nombreuses
années, les *Descriptions et figures des
mousses et des lichens du bassin de
la Garonne*, (1 volume de texte et
4 volumes d'Atlas), analysés par M. le
professeur Clos dans les Mémoires de
l'année 1857. Le bassin tertiaire de la
Gironde, connu aussi sous les noms de
bassin de Bordeaux, de bassin de la Garonne et de l'Adour, ou de région d'Aquitaine, représente la 10e partie de la France
et s'étend en une vaste plaine de forme
triangulaire limitée par la Vendée et le
plateau central au N.-E., par la chaîne
des Pyrénées au S. et borné à l'Ouest par
l'Océan atlantique. Tel a été depuis
l'année 1843 et tel est encore le champ
des explorations de botanique cryptogamique de l'auteur. L'étude qu'il envoya
à l'Académie de Toulouse, il y aura bientôt
18 ans, comprend la description de 253
espèces ou variétés de mousses et de 287

espèces de lichens. Les dépenses qu'exigeaient les dessins, furent un obstacle à la publication de la monographie qui fut réduite au texte seul d'un *Synopsis*.

M. J. E. Zetterstedt, professeur au gymnase de Jonkoping (Suède), qui était venu passer les vacances dans nos montagnes des Pyrénées et avait exploré pendant tout un été (1856) la portion de la chaîne comprise entre la Maladetta et le Mont-Perdu, autrement dit la partie septentrionale du département de la Haute-Garonne, publia l'année suivante un livre qui marque parmi les meilleures publications de botanique descriptive et critique, les *Plantes vasculaires des Pyrénées principales*.

L'*Essai sur la matière organisée des sources sulfureuses des Pyrénées* écrit par M. *L. Soubeyran* en 1858, intéressa la botanique de notre département par l'étude qui y est abordée, des végétaux (Algues) qui vivent dans les sources thermales de Bagnères-de-Luchon.

On trouve dans les actes du Congrès méridional tenu à Toulouse en 1858, un *Rapport* rédigé par le secrétaire de la section des sciences physiques et naturelles, *sur les progrès de la botanique dans le midi de la France de 1835 à 1858*. Le même botaniste publia l'année suivante (1859) dans les Mémoires de l'Académie, *Une nouvelle espèce de lichen l'Usnea saxicola* Roum., trouvée à Toulouse sur les graviers de la Garonne.

Enregistrons encore pour cette année 1859 une *Notice sur des Synapis et des Rapistrum nouveaux*, aux environs de Toulouse, due au docteur *Loret*; le mémoire de *MM. Filhol* et *Timbal-Lagrave* motivé par la *découverte du Limodorum abortivum*, et de ce dernier auteur, les

Recherches sur les variations que présentent quelques plantes communes et le *catalogne des plantes spontanées ou cullivées dans la Haute-Garonne employées en médecine.* Ces divers travaux figurent dans les Mémoires de l'Académie.

En l'année 1860, les travaux de botanique cryptogamique locale l'emportent en nombre sur les études des plantes supérieures. Dans cette dernière section, les Mémoires sont fournis par MM. *Filhol et Timbal-Lagrave ;* ils ont pour titre : *Excursion scientifique à Bagnères-de-Luchon,* qui parut dans le Bulletin du Congrès pharmaceutique, et deux études de ce dernier botaniste, *Sur de nouveaux hybrides d'Orchis* et *Sur les mentha des Pyrénées centrales et du bassin souspyrénéen,* l'une et l'autre insérées dans les Mémoires de l'Académie des sciences de Toulouse.

M. Arrondeau produisit son *Essai sur les conferves des environs de Toulouse,* accueilli, comme ses premiers travaux de botanique chez nous, par une Société voisine, la Société linnéenne de Bordeaux. L'auteur signale dans cette étude 40 espèces de la grande tribu des conferves recueillies par lui à la fin de l'année 1853 dans les eaux de source ou stagnantes, aux environs de la ville (bois de Larramet et de Bouconne, laisses de la Garonne, fontaine du Béarnais, écluse du canal du Midi, bords du Touch, etc., etc.). Ce botaniste n'a pas eu la pensée de recenser toutes les confervacées de nos environs ; il dit fort bien que son examen n'a porté que sur les principales espèces que l'on peut aisément observer à la vue simple, et qu'il a négligé avec intention de s'occuper notamment des Desmidiées et des Diatomées qui exigent, on le sait,

pour être étudiées physiologiquement, des
instruments plus puissants que la loupe.
Les algues microscopiques de ces dernières tribus (végétaux siliceux) sont nombreuses à Toulouse dans les eaux stagnantes que le sol argileux conserve sur différents points des environs de la ville.
(Nous en avons recueilli près de 60 espèces dans une seule retenue du canal du
Midi au-dessous de l'écluse des Minimes).
M. Arrondeau a joint à ses descriptions
le dessin de 16 genres d'algues grossis cent
fois en diamètre.

M. le professeur Clos a donné, dans le
recueil de notre Académie des sciences,
une *Note sur le Nostoc vesicarium et sur
le Clathrus cancellatus des environs de
Toulouse*. Un autre botaniste a publié
dans le Journal de la Société d'agriculture un travail sur *les Lichens des environs de Toulouse, employés dans l'écono-
mie domestique, la médecine et les arts*.

Il s'agit encore des lichens de Toulouse
dans la *Notice sur l'herbier Chaubard*,
que le docteur Puel publia cette même
année 1860 dans le Bulletin de la Société
botanique. L'auteur se livre à l'examen
de quelques plantes critiques des environs de Toulouse. Il dit notamment « que
l'herbier contient de beaux échantillons
du *Lecanora rubelliana* (*L. Zenkeri*
Chaub. mss.) récoltés sur les cailloux de
l'amphithéâtre romain de Blagnac, près
de Toulouse. » Evidemment il y a dans
l'indication de cet habitat une confusion
qu'il importe de dissiper, car un lichen
particulier aux schistes de la région alpine n'a jamais dû exister (même il y a
20 ou 40 ans) dans l'habitat champêtre
qu'on lui donne. Il ne reste depuis bien
des années que des ruines peu importantes de la construction romaine dont il

s'agit. Ce sont des fragments de piliers, (bases d'arceaux circulaires), à une hauteur de 1 m. 50 à 2 m. du sol. L'appareil de maçonnerie n'est autre que le caillou roulé de la Garonne, dans une gangue de ciment. La surface de ces cailloux, assez peu apparente (le béton la recouvre presque partout), montre bien quelques vestiges de lichens cosmopolites, mêlés aux mousses et à quelques stériles gramens, mais ces lichens ne sont point des espèces de la région élevée ; on ne peut pas croire que les ruines dont il est question aient produit récemment le *Lecanora rubelliana,* ni qu'elles aient tiré *l'initium* du lichen des sommets pyrénéens, prétendus lieux de leur extraction (1).

Le volume annuel des Mémoires de l'Académie des sciences contient en 1862 : 1° *Essai monographique sur les espèces du genre Galium* des environs de Toulouse, fourni par *MM. Baillet et Timbal-Lagrave* ; 2° la narration d'*Une excur-*

---

(1) Le *Lecanora rubelliana* Ach. forme du *L. cinerea* pour Fries, n'a été observé encore qu'en Suisse et dans les Pyrénées. Montagne l'a signalé sur les Schistes micacés des hauteurs tagne de Força Réal dans les Pyrénées-Orientales, où le Dr Nylander l'a retrouvé récemment. Je l'ai reçu en 1861 de Léon Dufour, des roches de même formation dans les Hautes-Pyrénées, du lieu dit *Tourmo d'Astos.* Je l'ai recueilli en 1865 à Cazaril de Luchon (Haute-Garonne), puis à la montagne de Coumelie (vallée du Gave), et en 1866, aux bords du lac d'Oncet (Pic du midi de Bigorre). Le Dr Nylander mentionne la station de ce Lichen rare dans son Prodrome des Lichens de France et d'Algérie de la manière suivante : « *Ad saxa schistosa in Pyreneis rarius* », dans le *Collectanea* (1853), il l'avait indiqué « aux Pyrénées centrales »

sion Botanique dans le massif de Cagire et dans la haute vallée du Ger, écrite par les excursionnistes *MM. Jeanbernat et Timbal-Lagrave.*

La Société Botanique de France qui tient chaque année une session extraordinaire sur un des points à explorer fixé à l'avance, vint en 1864 pour la première fois dans les Pyrénées centrales et clôtura chez nous cette session féconde en travaux importants. Voici les principales études que le Bulletin publia : *Note sur des planches inédites de la Flore des Pyrénées* (planches phanérogammes de l'œuvre non achevée de Picot de Lapeyrouse) ; *Une excursion Botanique de Bagnères de Luchon à Castanese* ; un *Rapport sur l'herborisation à Esquierry* par *M. Timbal-Lagrave.* Le *Rapport sur l'herborisation faite au bois de Larramet* et la *Liste des Muscinées des environs de Toulouse* furent fournis par *M. Jeanbernat.* M. le professeur Baillet esquissa le Rapport sur les herborisations de la société Botanique aux environs de Toulouse ; celui sur les *Herborisations à Saint-Aventin et à Cazaril* fut remis par *M. l'abbé Garoute.* Le secrétaire général de la Société, *M. W. de Schœnefeld* dont tous les botanistes déplorent la perte récente, se chargea et s'acquitta avec un talent remarquable de l'exposé des *Recherches* accomplies *dans la vallée du Lys.* Ce fut le même botaniste qui rédigea le *Rapport sur la visite au Jardin des Plantes de Toulouse.* Dans la même session *M. le Dr Noulet* produisit sa notice sur les *Plantes fossiles de l'âge miocène* découvertes à Toulouse.

Le savant Botaniste suédois *J. E. Zetterstedt* qui avait visité les Pyrénées centrales en 1856 à la recherche des plantes supérieures, entreprit en 1865 la même exploration dans un autre but d'études. Il donna ses *Pyrenearnas Mossvegetalion Luchons*. C'est le répertoire, au point de vue de la synonymie et des habitats constatés, des mousses de la vallée de Luchon que l'auteur porte au nombre de 273. Il signale une seule espèce nouvelle, le *Dicranam spadiceum* Zett. stérile, découverte depuis en Suède et trente une espèces qui avaient échappé à Spruce sur ce même territoire si bien exploré par ce savant. L'introduction de l'ouvrage est en langue suédoise. On trouvera une traduction française annotée de ce document important, au point de vue surtout de la géographie botanique, dans mes *Nouveaux documents sur l'histoire des plantes Pyrénéennes* (1876).

La Société d'histoire naturelle de Toulouse publia le tome Ier des travaux de ses membres en *1867*, et on y vit figurer les travaux suivants : *Observations sur quelques Dianthus des Pyrénées*, dues à *M. Timbal-Lagrave* ; note sur la *Stalion du Phallus impudicus à Toulouse*, fournie par le *docteur Clos* ; mémoire sur la *Découverle du Diplotaxis viminea* à Toulouse, par *M. Desjardins*. M. Barthés, qui résida longtemps à Sorèze, et qui a exploré le territoire et la partie de la Haute-Garonne qui avoisine le déparment du Tarn, ajouta à ce recueil son travail sur les *Phanérogames nouvelles pour le département de la Haute-Garonne*.

Un botaniste, pénétré de l'embarras qu'éprouvaient toutes les personnes éloignées des grandes bibliothèques par l'absence d'un ouvrage mis au courant des découvertes modernes et des progrès accomplis par la science dans l'étude des plantes inférieures, écrivit sa *Cryp-*

togamie illustrée, dont le premier volume, consacré à la famille des Lichens, parut en 1868, à l'aide des encouragements des ministres de l'instruction publique, de l'agriculture et de la marine, qui adoptèrent ce livre classique. La Flore de la Haute-Garonne est incidemment intéressée dans cette publication. Ce même botaniste publia également en 1868 sa *Notice sur les Lichens de la chaîne des Pyrénées*, à l'occasion du concours ouvert à Saragosse par les soins de la Société des amis des sciences du pays d'Aragon, qui récompensa ses recherches.

Voici les contributions de botanique de l'année 1869 intéressant notre contrée. Dans le Bulletin de la Société botanique figure une *Lettre de M. Pietro Bubani à M. le docteur Fournier* sur le *Sisymbrium bursifolium des Pyrénées*. Dans le Bulletin de la Société d'histoire naturelle : 1° *Etudes sur un Carex de la Flore toulousaine ; sur le Narcissus Tozetta* et la *découverte du Muscari Lelievriei*, par *A. Peyre ;* 2° *note sur le Verbascum glabrum*, par M. Timbal-Lagrave fils ; 3° *notes sur la présence de l'Æcidium oxyacanthæ à Toulouse et sur la variété à fleurs blanches du Lamium purpureum*, par M. Lacaze. Les Mémoires de l'Académie firent connaître l'intéressante étude d'une belle mucorinée simulant une algue, observée à Toulouse par MM. les professeurs Joly et Clos ; le *Phycomyces nitens*, qui a pour habitat les bois ou les étoffes imprégnés d'huile.

Les mêmes Recueils scientifiques publièrent en 1870 les Mémoires de *M. Timbal-Lagrave* sur *La culture à Toulouse du Carlina acanthifolia ;* la deuxième

étude sur les *Variations que présentent
quelques plantes communes* dans le département de la Haute-Garonne au point
de vue phytographique, et le précis des
Herborisations faites par la Société d'histoire naturelle de Toulouse pendant l'année 1870.

L'auteur de la *Cryptogamie illustrée*
publia dans cette année 1870 le volume
consacré aux *Champignons*, et dans lequel la Flore locale a reçu une place. Ce
travail, encouragé comme le tome I de
sa publication par les divers ministères,
obtint une mention honorable de l'Institut au concours Desmazières.

En 1871, parurent le rapport de
*MM. Timbal-Lagrave, Jeanbernat et
Peyre* sur une Excursion scientifique
aux sources de la Garonne. *M. Timbal-Lagrave* donna en seul sa *Note sur le
Trapa natans*, plante nouvelle pour la
Flore toulousaine ; ses *Etudes sur quelques Sideritis* de la Flore française, et
sur les Hieracium de Lapeyrouse. M.
le professeur Clos fit connaître ses
Recherches sur le charbon du maïs
observé à Toulouse, et la *Disposition
adoptée* en 1869 *dans la replantation de
l'Ecole botanique du Jardin des Plantes
de Toulouse*. Sa nouvelle classification
des dicotylédones commence par les gamopétales.

M. Timbal-Lagrave publia en 1872
dans les Mémoires de l'Académie, des
*Etudes sur quelques campanules des
Pyrénées*. Ce travail comprend la description et la représentation en chromolitographie de la remarquable campanule
de Jaubert qui rappelle l'ancien homme
d'Etat, le botaniste et le protecteur des
lettres et des savants dont la perte récente
à causé d'unanimes et profonds regrets

surtout parmi la grande famille des naturalistes.

Un autre botaniste publia aussi, dans le bulletin de la Société botanique, une note sur la *Monstruosité de l'Agaricus conchatus*, offerte tous les ans, sur les branches mortes des Ailantes qui croissent dans le parc de l'Arsenal à Toulouse. Le même auteur fit connaître par le Bulletin et l'*Echo de la Province* reproduisit, sa *Notice sur deux Hymenomycètes destructeurs des bois ouvrés*, nouveaux pour notre pays, le *Merulius lacrymans* et le *Polyporus obducens*, dont les ravages avaient nécessité le renouvellement des poteaux télégraphiques et des traverses supportant les rails de la voie ferrée sur le parcours de Toulouse à Agen.

Les publications de 1873 sont toutes relatives à la cryptogamie. C'est le mémoire *Sur l'apparition et la reproduction à Toulouse d'une Mixogastrée étrangere à la Flore de France* (le *Stemonitis oblonga*); et les notes *sur l'habitat des Clathrus* et la présence à Toulouse du *Puccinia malvacearum*, qui parurent dans le bulletin de la Société botanique.

Un zélé bryologue, *M. Husnot*, qui a le mérite d'avoir créé une Revue périodique consacrée à l'étude des mousses, publia dans son utile recueil, inauguré en 1874 et qui se continue, le *Guide du Bryologue dans les Pyrénées*, où une large part est faite aux mousses des stations de la portion Alpine de la Haute-Garonne.

En 1874 le bulletin de la Société botanique fit connaître les *formes anormales de l'Osmonda regalis*, observées dans le pays toulousain. Il s'agissait du retour inusité des rameaux fructifères à l'état foliacé. Nos lecteurs n'ont peut-être

pas oublié une publication de l'*Echo de la Province*, qui fut tirée à part sous ce titre : *Une confusion dans les fleurs poétiques que distribue l'Académie des jeux floraux*. Nous lisions il y a peu de jours dans une feuille parisienne, à propos de ce travail, les lignes qui suivent, inspirées sans doute par la récente distribution qu'a faite l'Académie de ses prix annuels : « Un érudit toulousain doublé du
» savoir du botaniste a eu le courage de
» publier à Toulouse et de démontrer sans
» qu'on ait pu lui opposer un seul argu-
» ment contraire, que l'antique Acadé-
» mie continuait *par tradition* une erreur
» grossière en distribuant, au lieu de cette
» rose églantine (*Aiglantina ou Englen-*
» *tina* du langage roman) que Clémence
» aimait et quelle avait instituée pour
» premier de ses prix, une fleur d'Ancolie
» qui n'a jamais réçu, à aucune époque et
» dans aucune langue, le nom d'*Eglant-*
» *ine.* »

D'autres preuves pourraient être ajoutées à l'écrit que nous rappelons pour démontrer de nouveau la fausse interprétation que l'académie donne au nom Roman. Tous les anciens annalistes toulousains constatent qu'autrefois les poètes obéissant aux dernières volontés d'Isaure allaient répandre des Roses (*Aiglantinas*) sur son tombeau conservé dans l'Eglise de la Daurade. Papyre Masson qui posséda la table de bronze (facsimile de l'épitaphe), table que son frère offrit aux Capitouls en 1610 et qu'on voit aujourd'hui au Capitole, rappelle aux jeunes poètes la dernière volonté de la bienfaitrice des jeux :

Sparge poeta rosas, illis Clementia gaudet,
Atque tegi cineres mandat Isaura suos.

La langue latine ne pouvait traduire *Aiglantina* que par *Rosa*; *Rosa eglanteria* de Linné, le type de la rose sauvage et spontanée, la rose primitive que la culture a modifiée. Ponsan, auteur de l'histoire des jeux floraux, a imité en vers français l'invocation de la table de bronze :

Des roses dont Isaure aimait la douce odeur
Couvrez ses cendres précieuses ;

Le marquis de Chesnel, un Toulousain et qui plus est un botaniste, publia à Toulouse même, en 1820 l'*Histoire, de la Rose* qui eut plusieurs éditions. Cet écrivain, tout comme le professeur de Sauvages, n'avait sans doute jamais été favorisé de la vue du prix lui-même que décerne l'Académie; aussi s'accorda-t-il, peut-être à son insu, avec le savant botaniste de Montpellier ; à la page 35 de son livre, après avoir rappelé que Clémence avait ordonné que l'on répandît des roses sur son tombeau en présence des amis des Lettres, il ajoute : « Au nombre des prix décernés chaque année par l'Académie des jeux floraux se trouve la *Rose églantine.* »

Deux autres publications de botanique locale viennent clôturer l'année 1874. C'est le *Glossaire mycologique du midi de la France* publié par l'auteur de la *Cryptogamie illustrée* et une notice du même auteur *sur les feuilles et les fleurs du Vallisneria* observées à Toulouse. Ce dernier travail parut dans le Bulletin de la Société botanique. L'élégante et si curieuse Vallisnerie, de nos canaux a donné lieu cette année à de nouvelles

observations physiologiques (1) de la part
de l'auteur de ce premier mémoire.

La botanique toulousaine a trouvé un

(1) J'ai communiqué l'année dernière à la
Société botanique (séance du 11 décembre,
Bulletin, page 357.), l'observation que j'avais
faite du changement successif de couleur dans
la corolle de la fleur femelle du *Vallisneria
spiralis*, qui était resté en fleurs à Toulouse,
dans le canal latéral à la Garonne depuis le
commencement du mois d'août jusqu'à la fin
d'octobre. J'avais cru pouvoir concilier au
moyen de cette remarque, les énonciations
contradictoires émises sur la couleur de la
corolle par les floristes qui, depuis le commencement de ce siècle, ont eu à écrire la
description de cette hydrocharidée. Une nouvelle observation, que tous les botanistes ont
pu vérifier pendant deux mois, m'a permis de
confirmer ce que j'ai avancé.

La fleur femelle du *Vallisneria*, plus développée et mieux apparente à l'œil que la fleur
mâle, s'est bien montrée de nouveau à moi les
19, 20 et 21 juillet dans une de ses stations
naturelles (canal du Midi, à Toulouse, retenue
de l'écluse des Minimes), blanche le matin, à
6 heures et demie, (temps couvert, non orageux);
à midi fortement rosée, (le soleil avait apparu,
mais ses rayons étaient peu pénétrants), et à
six heures du soir, de couleur blanche, semblable à la fleur du matin. Le second jour ce
furent d'autres fleurs de la même plante qui
montrèrent le même phénomène bien caracté-
risé, les fleurs de la veille n'ayant point
rouvert leurs corolles. Enfin, le troisième jour,
observation semblable quant à l'épanouissement matinier des corolles blanches, apparition de la teinte rosée vers le milieu du jour et
retour à la teinte blanche après le coucher du
soleil, sans que ce phénomène ait paru résulter
de quelque trouble dans le cours de la végétation de la plante.

Les mutations de couleurs dans les fleurs,
n'ont échappé à aucun physiologiste. Les ouvrages modernes de botanique indiquent de

organe de plus dans le Bulletin d'une
Société nouvelle, la Société des sciences
physiques et naturelles, qui s'est formée

nombreux exemples. Outre qu'aucun auteur
n'a mentionné dans cette catégorie les fleurs
du *Vallisneria*, la mutation multiple de couleur telle que je l'ai observée dans cette plante,
n'est comparable à aucune ou presque à aucune de celles qui ont été signalées, si ce n'est
à celle de l'*Hibiscus mutabilis L.*, espèce ori-
ginaire de l'Inde et, encore, à une seule description de cette dernière plante faite peut-être
dans son lieu natal.

Les ouvrages d'horticulture qui mentionnent l'*Hibiscus mutabilis L.* indiquent formelle-
ment que ses fleurs sont blanches, puis rosées,
et enfin pourpres. M. le professeur Duchartre,
dans ses *Eléments de botanique* (1867), dit :
« La corolle est blanche le matin, rose pâle à
midi et rose vif le soir. » Vittmann, dans ses
diagnoses (*Summa plantarum* T. IV, p. 146),
tient à peu près le même langage. Voici la
phrase du botaniste italien : « *Petala matutino
tempore nivea, post meridiem rubra, vespere
decidunt.* » Lamarck (*Encyclopédie méthodique,*
t. III, p. 354), maintient aussi la même indication : « Lorsque les fleurs s'épanouissent, dit-il,
elles sont blanches, elles prennent ensuite une
teinte de couleur rose et elles deviennent pourpres en se flétrissant. » Cet auteur ajoute :
« On prétend qu'en Amérique et dans les Indes
ces changements ont lieu dans un jour, terme
de la durée des fleurs de l'*Hibiscus mutabilis*;
mais, je les ai observés plus lents au jardin
du Roi, où les fleurs, teintes d'un peu de rose
en naissant, ont duré cinq jours sans se
flétrir. » Thiébaut de Berneaud rapporte, dans
ses *Leçons de physiologie végétale* (1837), à propos de la même plante, une mutation de couleur de la fleur bien plus complète : c'est le
retour de la fleur, devenue rouge, à la couleur
blanche primitive du matin, mutation successive qui cette fois rappellerait identiquement
le phénomène observé par moi, à Toulouse,
dans la fleur du *Vallisneria*. « Les grandes

aux dépens de la Société d'histoire naturelle de Toulouse. Le Bulletin de l'année *1875* contient le *Reliquiæ Pourrelianæ*.

fleurs de la Ketmie variable de l'Inde, d'un blanc pur le matin, dit Thiébaut, se colorent en pourpre vers le milieu du jour, deviennent roses dès que le soleil n'est plus visible à l'horizon, et *retournent au blanc durant la nuit*, pour recommencer le lendemain. » Le retour de la fleur au blanc pur est-il propre à la Ketmie végétant dans son pays natal, et la coloration rouge, comme terme final de l'épanouissement, appartiendrait-elle seulement à la plante cultivée en Europe? Double question qui reste à résoudre et sur laquelle les botanistes sont encore muets.

Linné, dans sa *Philosophie botanique*, énumère la gamme des couleurs que parcourent diverses plantes à fleurs changeantes. Il cite les fleurs qui passent du blanc au pourpre (*Oxalis, Datura, Pisum, Bellis;* etc.); celles à changements multiples, c'est-à-dire celles qui présentent trois tons différents dont le dernier est blanc; mais aucun de ses exemples ne se rapportent à des fleurs qui ont débuté par la couleur blanche; il s'agit de fleurs bleues passant au rouge, puis au blanc *(Aquilegia, Polygala, Hepatica, Cyanus, etc.)*, et de fleurs jaunes passant au rouge, puis au blanc. (*Anthyllis*, etc.) On trouve dans les auteurs modernes des exemples très nombreux de revirements de couleur. Les fleurs jaunes tendent souvent au rouge et quelquefois au bleu (*Aconitus napellus, Cobœa scandens, Erythrina hybrida*, les *Lantana*, les *Lotus*, etc.); les fleurs blanches peuvent montrer des tendances vers d'autres couleurs. Le *Budleia Madagascariensis* présente des fleurs blanchâtres qui deviennent orangé pur au moment de leur épanouissement complet; il en est de même du *Bunias spinosa* dont les fleurs blanches passent bientôt au rouge violet; les fleurs du *Lonicera xylosteum* passent du blanc au jaune; des fleurs bleues passent au blanc, ainsi celles du *Francissea Hoppeana*

**Dans cet important travail, fondé princi-
palement sur l'*Itinéraire pour herbori-
ser dans les Pyrénées* de l'abbé Pourret,**

d'autres fleurs violettes ou lilas blanchissent
pendant leur épanouissement (*Polygala mixta*);
les fleurs du *Mesembryanthemum bicolor* sont
rouges le matin et blanches le soir; mais géné-
ralement le rouge est la couleur qui caractérise
la fin de la floraison, c'est le signe du dépé-
rissement de la corolle.

La cause des singulières variations de couleur dans les fleurs dites changeantes n'est pas
expliquée encore, et cette portion de la
physiologie végétale attend son avancement,
sans doute, de l'histoire physique et chimique
des couleurs. On a attribué ces variations à la
température des différentes heures de la
journée, cela avec quelque raison, puisqu'il est
avéré que la proportion des rayons absorbés,
varie avec la température des milieux; mais
j'ai été empêché de tirer de cette doctrine un
argument favorable à l'étude de la fleur du
Vallisneria, puisque les observations succes-
sives des 19, 20 et 21 juillet, m'ont donné des
résultats contradictoires avec les faits eux-
mêmes. Pendant les deux derniers jours la
température de l'eau du canal du Midi, où
végète le *Vallisneria*, a été, sinon supérieure en
élévation le soir, du moins rigoureusement
égale au degré observé à midi. Or le phénomène du retour de la corolle rosée à la couleur
blanche n'aurait pas dû se produire ces jours-
là, et il s'est néanmoins montré tout comme s'il
eût été la conséquence du refroidissement du
liquide !

On a essayé encore d'expliquer la mutabilité
de la coloration de certaines fleurs par des
oxydations et des désoxydations, et cependant
cette théorie, frappante d'exactitude dans un
grand nombre de cas, rencontre des résultats
opposés capables de dérouter l'observateur le
plus patient. Qui de nous n'a pas remarqué,
dans ses courses à la campagne, l'*Echium
vulgare*, bordant les champs et les chemins,
qui débute par des fleurs rouges ou roses de-

M. Timbal Lagrave a mis en relief les dénominations douteuses ou erronées de Pourret, et il a fait connaître des espèces nouvelles ou peu connues.

Dans sa nouvelle et récente étude (1875) qui a pour titre : *Hepaticæ pyrenaicæ*, M. *J.-E. Zetterstedt* a fait connaître les Hépatiques qu'il avait observées, dès 1865, sur les hautes montagnes du département de la Haute-Garonne. Il a indiqué pour les Pyrénées centrales 68 espèces, dont 16 qui avaient échappé à Spruce, un des premiers investigateurs des Muscinées chez nous. On constate avec satisfaction, et cela justifie la perspicacité du botaniste suédois, que, dans les 16 espèces étrangères au recensement de l'année 1847, six (au moins cinq) sont nouvelles pour la France. Les voici : *Sarcoscyphus sphacelatus* N. Esb. du port d'Oo ; *S. Alpinus* Gotsh, de l'hospice de Venasque ; *Jungermannia taxifolia* Wahlb., du port de Venasque ; *J. Laxifolia* Hook., de la cascade d'Enfer ; *J. Alpestris* Berg. et Lind., du port de Venasque et de la Maladetta, et *Madotheca navicularis* N. Esb. au pied de la montagne de Superbagnères.

Je clôture cette série de travaux bo-

venant blanches avec le temps, et à côté de ces mêmes fleurs sur lesquelles l'oxygène de l'air a exercé son action, la même plante, réfractaire à cette influence, conservant ses fleurs roses ou carmin qui ne deviendront jamais bleues ?

Un voile encore impénétrable cache la véritable origine du phénomène des mutations multiples de couleur de la corolle. Les physiologistes, en ne ralentissant pas leurs observations, peuvent seuls aider à faire jaillir un trait de lumière de l'ensemble des faits recueillis !

taniques publiés jusqu'à ce jour par la description d'une nouvelle espèce d'Hyménomycète qui a été adressée à la Société botanique pour son herbier. C'est une grande Pezize, le *Peziza doloris* Roum., récoltée dans une rue de Toulouse sur une étoffe de laine feutrée et dont le nom rappelle les effroyables malheurs qui fondirent sur le quartier Saint-Cyprien dans la nuit du 23 au 24 juin 1875.

Dans une des rues les plus fatalement submergées, la rue Viguerie, où l'eau avait envahi les habitations jusqu'au-dessus du premier étage, je recueillis, le surlendemain de l'inondation, parmi les meubles brisés mêlés aux boiseries des constructions effondrées, une planche à repasser le linge, imprégnée d'eau encore et montrant une élégante végétation fongique. Sur cet ustensile d'atelier (une planche de peuplier, habillée avec un premier tissu de toile de lin et par-dessus d'une étoffe de laine feutrée, de couleur verte), ces champignons, tous isolés, étaient au nombre de sept, à divers degrés de développement. Leur apparition, provoquée sans doute par l'inondation, avait été pour ainsi dire instantanée. D'après les informations recueillies sur les lieux, la planche à repasser était placée en permanence sur deux chevalets au milieu de la pièce du rez-de-chaussée de la maison écroulée ; cette planche servait encore au moment de la venue de l'eau, et elle fut laissée en place, comme tous les autres meubles de l'appartement, par les habitants qui fuyaient le danger. Trois circonstances me parurent intéressantes dans cette découverte : 1° l'apparition subite du champignon ; 2° l'emprunt d'un substratum inusité (je ne connais qu'une seule espèce de Pezize observée sur une étoffe tissée pourrie, mais encore une très petite espèce : le *Peziza testacea* Fries.); 3° la rencontre d'une espèce nouvelle pour la localité et probablement aussi pour la science (1).

(1) La *Peziza doloris*, d'abord arrondie (cupule encore fermée), est blanchâtre, pruineuse dans sa première évolution ; elle atteint ensuite jusqu'à six centimètres de diamètre, montrant successivement une cupule régulière plus développée, une cupule évasée, à marge plus ou moins déchirée, enfin une surface presque plane avec deux ou trois fentes profondes et enroulée partiellement en dehors. C'est la dernière évolution du champignon qui précède sa décrépitude. Jaune canelle, velouté en dessus *(hymenium)*, passant au brun rouge par le sec. Chair blanche. En dessous, (la base) exactement blanche comme l'intérieur du champignon, légèrement pruineuse, sillonnée et munie de quelques lacunes. Spores exactement sphériques (0,030), au nombre de 6 à 8 dans chaque thèque. A la maturité de ce corps, l'épispore se montre réticulé. La forme de la spore éloigne encore cette pezize des *peziza aurantia* Oed. et *acetabulum* L., avec lesquelles elle a quelques affinités, surtont avec cette dernière espèce, mais seulement dans son premier développement. Cette nouvelle espèce de champignon a été figurée.

Les soins que j'ai pris pour favoriser l'apparition de nouveaux champignons, soit en humectant l'étoffe formant le *substratum*, soit en répandant sur cette étoffe les spores d'un sujet sporifère, ont été sans résultat satisfaisant.

On sait que les spores des champignons font essentiellement partie des corpuscules qui flottent dans l'air et qu'elles peuvent être desséchées sans perdre leurs propriétés germinatives. Le fait que j'indique aujourd'hui semble permettre d'ajouter aux lois connues *que le séjour plus ou moins prolongé de la spore dans l'eau ne saurait l'empêcher de germer,* si l'on admet, ce qui me semble probable, que

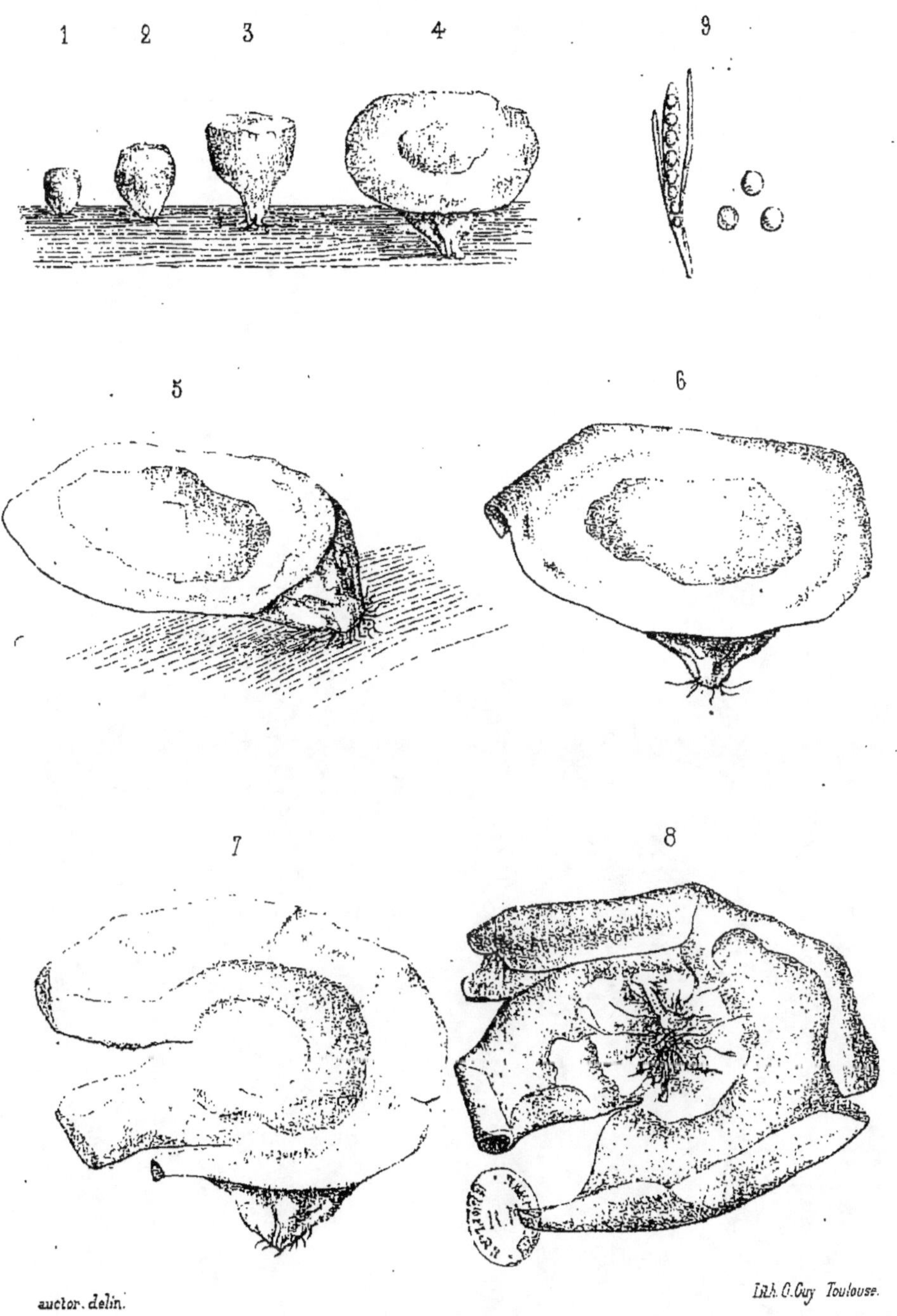

I 7 Formes diverses du **Peziza doloris** Roum. recueillies sur la planche à repasser.
8. Forme 7. vue en dessous (Grandeur naturelle) 9. Théque et Spores (gross. 800 diam)

4º Y A-T-IL DES HERBIERS ANCIENS ET OU SONT-ILS ?

1º L'*Herbier des plantes des Pyrénées de Lapeyrouse* commencé en 1763, est le recueil de plantes sèches le plus ancien, comme collection locale, qui soit conservé dans le département. Il est renfermé dans 44 boîtes et comprend uniquement les plantes phanérogames. Il vient à l'appui des descriptions de l'*Histoire abrégée*; malheureusement le mauvais état de la plupart des échantillons et le défaut de soins dans la conservation de cette collection qui remonte à une époque assez éloignée, la rendent moins utile qu'on pourrait le croire pour l'étude. L'Herbier est déposé dans une des salles du Jardin des Plantes (depuis qu'il est sorti de la Bibliothèque publique de la ville où il était *conservé*). Il est destiné à ouvrir la série des Herbiers au Musée d'histoire naturelle.

2º L'*Herbier général de Lapeyrouse*, contemporain de la collection léguée à la ville, représentait 16 forts cartons in-fº, dans lequel le savant botaniste avait

les spores de la nouvelle Pezize, venant peut-être des sommets des Pyrénées, ont été déposées sur l'étoffe par l'eau courante du fleuve. — De fortes pluies d'orage avaient persisté à Toulouse et dans toute la contrée depuis trois jours avant et pendant l'inondation. L'atmosphère était donc notablement chargée d'électricité. Il est possible encore qu'il faille voir dans cette circonstance particulière une cause déterminante de l'apparition subite de la Pezize du faubourg Saint-Cyprien.

réuni les plantes phanérogames que ses correspondants étrangers, notamment Bancks et Smith, en Angleterre; Jacquin, Rœmer et Willdenow, en Allemagne; Balbis et Scopoli, en Italie; et Lagasca, en Espagne, lui avaient adressées pendant une longue suite d'années. Ce recueil précieux par les étiquettes autographes qui accompagnaient les types de plantes, décrites pour la plupart dans les ouvrages des donateurs, avait été conservé par le colonel Dupuy, après la mort de Lapeyrouse. L'Herbier général a eu, paraît-il, le sort qui était réservé à la collection de l'abbé Chaix, qui lui était annexée, et l'un et l'autre sont perdus pour nous.

Le floriste Pyrénéen avait formé une 3e collection, *L'herbier des plantes cryptogames*. Cette collection a fait partie jusqu'à la fin de l'année 1860 du Musée d'histoire naturelle de Saint-Bertrand. Ce recueil, riche en lichens crustacés des Pyrénées, était renfermé avec ordre dans 8 boîtes énormes. Les échantillons collés sur carton n'étaient point déterminés en totalité, mais les habitats pour tous les échantillons avaient été minutieusement notés de la main de Lapeyrousse L'Herbier des cryptogames a été emporté en Angleterre lors de la vente du Musée de Saint-Bertrand, qui eut lieu en détail, après le *décès du géologue Nérée Boubée*, son fondateur.

3o L'*Herbier Marchand*. Cette collection du correspondant de Lapeyrouse a été étudiée, il y a quelques années, par MM. Loret et Timbal-Lagrave, qui ont publié leur travail; elle fut acquise, en 1859, par M. le professeur Filhol, directeur de l'Ecole de médecine, pour le Cabinet d'histoire naturelle.

4º L'*Herbier pyrénéen de Paul Boileau*, autre correspondant de Lapeyrouse, est conservé à Bagnères-de-Luchon par M. Boileau fils, pharmacien, zélé continuateur des recherches botaniques de son père.

5º L'*Herbier pyrénéen de Parenteau*, qui fut également collaborateur de l'œuvre de Lapeyrouse, est sorti de Saint-Béat et se trouve aujourd'hui chez M. Montané, pharmacien et botaniste, à Moissac (Tarn-et-Garonne).

6º Un recueil des *Lichens de la forêt de la Grésigne*, formé au commencement du siècle dernier par M. de Puylarcque, figurait dans la bibliothèque de Lapeyrouse, puis dans le cabinet Dupuy. Acquis par l'abbé Valu lors de la dispersion de la collection de l'exécuteur testamentaire de l'ancien floriste, il a été récemment détruit dans un incendie.

Une autre série d'Herbiers renfermant des plantes phanérogammes de notre contrée, mais ne pouvant être désignée précisément sous le titre d'Herbiers anciens, figurent dans la collection du musée. Je mentionne encore ici cinq autres Herbiers dont je ne pourrais parler ailleurs.

Le *Recueil des Plantes usuelles*, accompagné de notes manuscrites autographes sur les vertus de celles-ci, offert par le professeur *de Sauvages* à son ami le docteur Pech, de Narbonne, est conservé dans mon cabinet.

La *Flore des environs de Montpellier* (herbier en trois cartons in-fº) c'est un recueil fait par *Moquin Tandon* lorsqu'il débutait dans l'étude de la botanique. Je le tiens de l'amitié de mon ancien maître et ami.

L'*Herbier d'Omer Colomies* (plantes

toulousaines et des Pyrénées) fut déposé, à la mort de l'auteur, dans le cabinet du docteur Roland son oncle. Le docteur Colomies étudiait les plantes avec ardeur ; il dessinait et peignait les organes de la fleur sur des feuilles volantes qu'il insérait dans les fascicules de son recueil. Il était en relations d'échanges avec M. le professeur Lange et avait fait avec ce savant étranger une fructueuse et pénible excursion pyrénéenne en 1852. M. Léon Soubeyran lui avait adressé des cryptogames parisiennes. M. Pietro Bubani, de qui il était devenu l'ami, avait laissé dans l'herbier des annotations dont le docteur Colomies eût profité, si une mort imprévue n'eût mis obstacle à l'achèvement du *Florula* qu'il projetait.

L'*Herbier Lapeyre* est sorti de Toulouse ; il est conservé par un botaniste anglais, M. Joad de Pachin-Arundel. Jules Lapeyre, pharmacien à Toulouse, est mort, jeune encore, en 1848. Il avait surtout colligé avec soin la grande famille des graminées. Son herbier renfermait des plantes données par le docteur Tournon, peut-être bien l'herbier même du premier floriste toulousain, car Tournon était l'ami de Lapeyre père.

Herbier (?) *forestier de Malbos.* Jules de Malbos, membre de la Société géologique de France et correspondant de l'Académie des sciences de Toulouse, connu par diverses publications de géologie et par la fondation du Musée d'histoire naturelle de Privas, est mort au château de Saint-Victor (Gard) il y a peu d'années, dans un âge très avancé. Il avait formé une singulière collection de bois ouvrés tirés des Pyrénées et des départements sous-pyrénéens, qu'il signala sous le nom d'*Herbier forestier du Midi.* Cette col-

lection, que j'ai vue, comprenait 1,200
échantillons et 401 espèces d'arbres et de
plantes ligneuses sous formes de cannes ;
les uns avec l'écorce, les autres redres-
sés, polis et vernissés, sur lesquels étaient
écrites 500 pièces de vers ayant trait à
ces végétaux. En 1863, de Malbos offrit
son *Herbier forestier* à la ville de Toulouse. L'hésitation mise à son accepta-
tion détermina son auteur à envoyer la
collection au musée de Privas, où elle
figure aujourd'hui à côté de la collection
géologique. Cette réunion de bois est
digne d'attention ; un grand nombre de
spécimens sont des exemplaires magnifiques par leurs dimensions ou par l'éclat
donné à leur tissu; elle fait connaître,
pour quelques essences, des ressources
méconnues peut-être encore dans l'art
du bâtonnier. L'*Herbier forestier du
Midi*, comme le désignait de Malbos,
était du reste bien plus considérable et
relativement plus méritant, je crois, que
la collection de bois (104 espèces), qui
fut envoyée par l'Algérie et qui obtint le
prix à l'exposition de Londres. La ville
de Privas fit bon accueil au don qui venait d'échapper à la ville de Toulouse.
Une médaille d'or de la valeur de mille
francs, frappée avec une légende de circonstance, fut offerte à de Malbos, et la
décoration de la Légion d'honneur, de-
mandée et accordée par le gouvernement
à cet aimable et vénérable vieillard, vint
récompenser sa vie scientifique. De Malbos avait alors 86 ans. Il était lié avec
Elie de Beaumont, qui faisait beaucoup
de cas de ses connaissances géologiques.
Il a laissé un grand nombre de manuscrits. J'en trouve à peu près l'indication
dans une lettre, sorte d'autobiographie,
qu'il écrivait peu de jours avant de quit-

ter la vie à son ami le professeur F. Petit. « Dans l'espace de onze ans, dit Malbos, j'ai composé dix Mémoires géologiques, deux forts volumes des *Harmonies de la nature,* en prose, où rien n'est oublié des merveilles que les progrès de l'astronomie, de la géologie, de la physique, de la chimie, de la physiologie et de toutes les branches de l'histoire naturelle nous ont fait connaître jusqu'en 1863. En ce moment encore, je poursuis mon œuvre... J'ai composé 19 volumes des *Tableaux de la nature* en vers, depuis la mousse jusqu'au boabab, des vermets à la baleine, des foraminifères à l'éléphant, de notre petit globe aux lumineuses, tout a fourni matière à ces improvisations de chaque jour. J'ai fondé à Privas le musée Malbos, la seule collection géologique locale, c'est-à-dire de quatre départements. (Elle a pesé 90 quintaux et contient plus de 8,000 métaux, roches et fossiles.) Et comme dit le métromane :

Dans ma tête un beau jour le talent se trouva,
Et j'avais cinquante ans quand cela m'arriva.

» De 78 à 80 ans (ne croyant pas à un mois de vie), j'ai formé mon *Herbier forestier du Midi.* Il est tout naturel qu'il aille avec mes manuscrits au musée Malbos, et cependant j'avoue que ce serait mieux placé à Toulouse. J'ai donné déjà, il y a douze ans, une collection d'antiquités à Avignon, et le musée qui porte mon nom serait comme le tombeau du maréchal de Rantzeau à Strasbourg : il n'enfermerait que la moitié de mon individu. Que me conseillez-vous ? »

5° QUELS SONT LES CORPS SAVANTS DU DÉPARTEMENT (FACULTÉS, ÉCOLES, etc.), OU LA BOTANIQUE EST L'OBJET D'UNE ÉTUDE ?

Faculté des sciences. — Les leçons de botanique pure, dont le programme est fixé au commencement de l'année classique, ont lieu deux fois la semaine à l'amphithéâtre de la Faculté.

Jardin des Plantes. — Le directeur-professeur fait, une fois par semaine, un cours de botanique et des démonstrations au tableau, à l'usage des gens du monde, et dans la belle saison, des excursions à la campagne.

Ecole de médecine et de pharmacie. — Le cours d'histoire naturelle médicale où la botanique tient une petite place, est professé trois fois la semaine pendant le semestre d'été seulement, du 1er avril au 31 août. Le premier jour de leçon est consacré à des conférences.

Ecole vétérinaire. — Le professeur chargé de l'enseignement de l'hygiène et de la zootechnie, fait aussi un cours distinct de botanique. L'Ecole possède une bibliothèque, un herbier de plantes usuelles et une école de botanique, où les végétaux sont distribués selon l'ordre adopté au Jardin des Plantes de Paris.

Le *Petit séminaire* de Toulouse a été dirigé, pendant longtemps, par un prêtre botaniste, l'abbé Ratier, mort en 1870. Il faisait un cours d'histoire naturelle dans lequel la botanique avait la plus grande place. Moquin-Tandon, avec lequel il était lié depuis l'année 1834, avait secondé les goûts de ce digne ecclésiastique et contribué à l'accroissement de l'herbier du séminaire. Cet herbier est considérable, il comprend la Flore de France, beaucoup de plantes exotiques tirées des jardins et la Flore locale, récoltée par divers professeurs, notamment par M. l'abbé Quod, naturaliste très instruit, et par quelques élèves adonnés à l'étude des végétaux. Depuis le décès de l'abbé Ratier, l'enseignement de la botanique a continué de rester en honneur au séminaire de Toulouse.

Le *Pensionnat Saint-Joseph*, dirigé à Toulouse par les Frères des Ecoles chrétiennes, réunit près de 800 élèves, dont une partie suit les cours de l'enseignement supérieur et est destinée aux Ecoles du gouvernement. Le sous-directeur du Pensionnat, très versé dans l'étude des sciences physiques et naturelles, le Révérend Frère Josephin, fait un cours de botanique et dirige les herborisations auxquelles sa classe se livre avec ardeur. Il y a la section des phanérogamistes et celle des cryptogamistes ; chaque élève du cours de botanique possède son herbier ! A voir le jeudi la marche joyeuse de ce bataillon, imposant par le nombre et d'apparence si décidé à conquérir l'empire de Flore, on doit être assuré que le goût de la botanique n'est pas près de s'éteindre dans notre ville.

Les espérances que conçut un jour le savant William Hooker, pour l'accroissement de ses herbiers et la propagation des études botaniques, en voyant réunis, à ses leçons de l'Université de Glascow, des étudiants appartenant à des pays lointains, espérances qui furent on le sait si bien réalisées, le sous-directeur du Pensionnat Saint-Joseph peut les entrevoir à son tour, car il compte dans sa classe plusieurs élèves sérieusement épris de la botanique et qui, venus du nouveau Continent, y retourneront après la fin de leurs études et donneront immanquablement suite au penchant pour la science des fleurs qu'ils montrent si ardemment chez nous.

Le Pensionnat Saint-Joseph possède un musée d'histoire naturelle qui tenait, il y a quelques années encore, le premier rang à Toulouse avant la formation du récent musée municipal. L'herbier général comprend la Flore française à peu près entière. Un autre herbier, connu des membres de la Société botanique qui ont assisté à la session extraordinaire d'Autun, l'herbier Grognot, fait aujourd'hui partie du cabinet de ce grand établissement d'instruction, le plus important du Midi.

Le *Collége Sainte-Marie*, dirigé à Toulouse par les RR. PP. Jésuites, a réuni une collection générale d'histoire naturelle. L'herbier intéresse particulièrement la Flore du département de l'Aveyron et comprend bon nombre de plantes alsaciennes déterminées par le professeur Nestler. Le père Poitrasson, qui a acquis des connaissances sérieuses en phytographie, fait un cours de botanique aux élèves de la classe des sciences.

6° ONT-ILS DES HERBIERS ?

La *Faculté des sciences* a un commencement d'*herbier général* dû à l'initiative de Moquin Tandon, qui le forma avec les doubles de l'herbier Poiret dont il était possesseur. Moquin encourageait les recherches des élèves de la faculté et les aidait dans la détermination des échantillons qu'ils versaient parfois dans l'herbier en formation, avec des étiquettes qu'ils signaient. Comme annexe de l'herbier plus ou moins complet dont je parle, la Faculté possède une *Collection de rondelles et de tranches verticales de bois divers*, une vitrine renfermant les *Graines et les fruits*, et une autre des *Produits végétaux*, conservés en flacons. On ne saurait voir dans ces vestiges de collections des éléments d'étude suffisants, d'ailleurs le local exigu et obscur, humide même où ils sont logés, s'oppose malheureusement à ce que les collections soient augmentées.

L'*Ecole de médecine*, contiguë au Museum, considère sans doute à bon droit ce dernier bâtiment municipal comme son propre cabinet d'histoire naturelle et en use à ce titre.

7° QUELLES SONT LES SOCIÉTES SAVANTES DU DÉPARTEMENT ?

Les sociétés savantes où la botanique est le sujet d'une étude, sont au nombre de cinq et siégent au chef-lieu du département.

L'*Académie des sciences, inscriptions et belles lettres*, fondée en 1640 et réorganisée par décret du 6 août 1809, propose tous les ans une question relative tantôt aux lettres tantôt aux sciences, dont le sujet est annoncé trois ans à l'avance. Ce grand prix consiste en une médaille d'or de la valeur de 500 fr., mais elle décerne depuis peu des médailles d'argent et de bronze, dont le nombre n'est pas déterminé, pour des communications ou des découvertes intéressant l'histoire naturelle. Ces médailles ne sont autres que les jetons de présence des membres.

La *Société d'horticulture*, fondée à Toulouse en 1853, a pour but d'organiser des expositions annuelles de plantes et de fruits, et des concours trimestriels entre les amateurs et les horticulteurs marchands. Depuis peu elle a institué des prix en faveur des instituteurs publics du département qui introduisent dans leurs classes l'enseignement des notions de l'horticulture, et cette heureuse innovation a déjà produit quelque bien (au point de vue de la vulgarisation, de la connaissance des végétaux utiles et de leur culture) parmi la jeunesse des campagnes.

La *Société d'histoire naturelle*, créée le 10 novembre 1866, concourt à l'augmentation des collections du musée du chef-lieu du département et étudie et fait connaître la constitution géologique, la faune et la flore de la zône dont Toulouse est le centre. Elle fait de petites excursions scientifiques tous les mois et des excursions plus étendues dont l'époque n'est pas déterminée. Dès 1869, la Société annonça que ses pérégrinations extraordinaires au-delà du département seraient ainsi échelonnées : la montagne noire, la Barousse, la montagne de Cagire, la Maladetta, les environs d'Ussat (Ariége).

La *Société des sciences physiques et naturelles* est de fondation plus récente que la Société précédente, et le but de ses études est le même que celui adopté par cette dernière. Au commencement de l'année 1872, après que M. le professeur

Filhol eut abandonné la direction honorifique du musée, un groupe important de la Société d'histoire naturelle décida de constituer une Société indépendante qui, dès le 20 mai, fut définitivement organisée. La plupart des botanistes de la première Société passèrent dans la Société nouvelle, et les premiers travaux de ses membres émanèrent de MM. Filhol, Jeanbernat et Timbal-Lagrave. Cette Société se réunit deux fois par mois ; elle accomplit des excursions scientifiques et publie un bulletin périodique.

8° ONT-ELLES UNE SECTION DE BOTANIQUE ?

Aucune de nos Sociétés n'a de section distincte de botanique.

Les botanistes de l'Académie des sciences, c'est-à-dire ceux de ses membres qui publient des travaux de botanique dans les Mémoires de cette compagnie, appartiennent d'habitude et actuellement à la section d'histoire naturelle, à la section de chimie et à celle de médecine.

A la Société d'histoire naturelle, la botanique est considérablement effacée : d'abord par la paléontologie, qui y est étudiée avec une ardeur et une intrépidité peu communes ; ensuite par la géologie, la minéralogie et aussi par la zoologie. Près de cent membres résidants représentaient la Société en 1872, et dans ce nombre considérable le groupe des botanistes était représenté par 8 à 9 membres seulement. La plupart des membres de ce groupe, et parmi eux M. Timbal-Lagrave, directeur habituel des excursions botaniques, ayant formé le noyau de la Société des sciences physiques et naturelles, il faut reconnaître que les études de botanique tiennent le premier rang dans les recherches scientifiques et les publications de cette dernière compagnie.

9° QUELS TRAVAUX BOTANIQUES ONT-ELLES PUBLIÉ ?

Dans la réponse faite à la 3e question, qui est la plus importante de cette statistique, figurent nécessairement les *travaux de botanique locale*, publiés directement par leurs auteurs ou par les soins des sociétés savantes du chef-lieu qui en avaient eu communication. Les *travaux de botanique générale*, c'est-à-dire tous ceux qui ne peuvent être rangés dans la première catégorie, dont je viens de parler, sont en petit nombre. Voici ceux qui figurent dans les Mémoires de l'Académie des sciences ; mais, dans l'espace de 92 ans à peine, on ne peut pas en indiquer plus d'une quarantaine. Je mentionne les plus saillants, dans l'ordre des dates :

Le *Chloris Narbonensis* , de Pourret (1782) et la *Description de deux nouveaux genres de la famille des Liliacées*, du même auteur (1786). Moquin-Tandon fournit, de 1839 à 1851, les travaux suivants : Considérations sur l'*Individualité végétale* ; Note sur le *genre Halimochnemis* (c'est la distinction de quelques espèces prises dans l'ancien genre *Polychnemum*) ; Mémoire sur *les Pélories* (il est démontré que les déviations du type spécifique dans un végétal représentent souvent l'état habituel d'un autre végétal); *Considérations sur la fleur des Crucifères ;* enfin, l'*Essai fait sur les graines d'un chardon monstrueux.* Moquin-Tandon indiqua que les graines d'une plante fasciée pouvaient reproduire la fasciation. En 1854, M. le professeur Clos publia les deux études ci-après : *De la signification des épines des fleurs femelles chez les Xanthium* et *De l'influence qu'exerce dans les plantes la différence des sexes sur l'organisation.* Ce dernier Mémoire attira la vive attention des physiologistes. Successivement, de 1858 à ce jour, le même savant botaniste a publié plusieurs autres études, parmi lesquelles il faut distinguer les suivantes : *Fascicule d'observations de tératologie végétale ; Du coussinet et des nœuds vitaux dans les cactées ; Des prétendues bractées avortées des crucifères ; Cas particuliers de gemmation, de parasitisme et de germination ; Des principes qui servent de base aux classifications botaniques ; Monographie de la préfoliation ; Essai de Tératologie taxinomique.*

Dans son long exercice de plus d'un siècle (il s'agit ici de la période courue par les travaux publiés), l'Académie a annoncé trois fois seulement qu'elle mettait au concours du prix extraordinaire une question de botanique ! Voici les sujets de prix adoptés sur la proposition successive de Moquin-Tandon et de M. le professeur Clos :

1851 (du commencement du siècle à cette date, les sujets de prix avaient été tous étrangers à la botanique). « Rechercher si certaines plantes, et surtout les plantes alimentaires, empruntent leur azote, soit en totalité, soit en partie, à l'atmosphère, tandis que d'autres ne l'emprunteraient qu'au sol. » Il n'y eut pas de compétiteurs.

1852. « Etude des influences lunaires sur les phénomènes météorologiques. Influences attribuées à notre satellite sur la nature organique et principalement sur les phénomènes de la végétation. » Il y eut encore absence de concurrents.

1857. « Faire connaître , à l'aide de bonnes descriptions et de figures , les Mousses et les Lichens qui croissent dans un des départements sous-pyrénéens. » Le prix fut accordé.

Le Journal des propriétaires ruraux, publié par la Société d'agriculture de Toulouse, forme un volume chaque année depuis 1805. Il est consacré : 1° à la reproduction d'articles marquants sur l'agriculture qui ont paru dans quelques autres publications françaises et étrangères ; 2° aux revues d'agriculture locale et aux travaux des membres appelés par un ordre de lecture (les questions de botanique pure sont bien et bien rarement traitées dans ces derniers travaux) ; 3° aux observations météorologiques (résumé mensuel), on a indiqué quelquefois les époques de la feuillaison et de la floraison des arbres, mais sans régularité. En 1844, Moquin-Tandon traita la question des *fleurs doubles* et des *fleurs pleines,* et en 1852 celle du prétendu *changement du blé en folle avoine.* En 1846, M. de Papus communiqua quelques *expériences sur la physiologie végétale.* M. le professeur Clos examina en 1862 le *Rôle des racines dans ses rapports avec la nature du sol.* M. Carrière, secrétaire de la Société, a publié récemment une Table générale du Journal par ordre de matières.

Les travaux de botanique générale

(chimie et physiologie végétales) traités
dans le Bulletin de la Société d'histoire
naturelle et dans celui de la Société des
sciences physiques, à partir de 1872, ont
été fournis principalement par M. le professeur Filhol, et sont relatifs aux *Recherches sur la chlorophylle* 1867, et aux
*Recherches sur les matières colorantes
des fleurs* (1868). Ce dernier travail accompagné de planches coloriées est d'une
très grande importance à raison de son
objet et par rapport aux faits nouveaux
qu'il dévoile. M. Arloing, a étudié l'*accroissement des végétaux pendant les
périodes nocturnes et diurnes* (1874).

10° LES BIBLIOTHÈQUES PUBLIQUES DU
DÉPARTEMENT ONT-ELLES DES RESSOUR-
CES BOTANIQUES ?

La seule bibliothèque publique dans le
département est celle de la ville de Toulouse, dite du *Collége*, qui renferme plus
de 60,000 volumes et 700 manuscrits (1).
On y trouve des éditions du 15ᵉ siècle
et du commencement du 16ᵉ, mais ces
trésors bibliographiques ne concernent
point la botanique (le premier livre im-

(1) C'est inutilement qu'on chercherait dans
cette série l'œuvre botanique d'Abattia (Bernard), savant médecin de Toulouse, mort en
1590. Abattia, après avoir enseigné le Droit et
les mathématiques à Paris, vint professer ces
sciences dans sa ville natale, où il composa
divers traités. Il avait écrit un livre « imité de
l'Histoire des Plantes de Fuchsius, » intitulé :
le Grand Herbier qui, selon ses biographes
(*Biog. toulousaine*, t. 1, pag. 1), et les biblio-
graphes (*la Croix du Maine ; Bib. française*,

primé à Toulouse est un traité de juris-
prudence daté de l'année 1476). La série
scientifique de la bibliothèque est relativement bien réduite et la botanique,
en particulier, n'y est guère représentée

t. 1, p. 2 ; Pritzel. *Thes.*, 2e éd.), ne fut pas imprimé. On ignore ce qu'est devenu ce manuscrit.

On ne serait pas plus heureux en fouillant
ce dépôt pour découvrir le *Traité des plantes
connues des anciens* laissé par de Montchal.
Charles de Montchal, qui occupa pendant 23
ans le siége archiépiscopal de Toulouse 1628-
1651, était le fils d'un apothicaire d'Annonay,
dans le Vivarais, très-versé dans l'étude des
plantes, et qui avait su communiquer de bonne
heure à son fils un goût très-prononcé pour
l'étude de la nature. Son biographe, M. le
chanoine Cayre (*Histoire des Évêques et Ar-
chevêques de Toulouse* 1873, p. 370), dit que
Charles de Montchal « connaissait l'hébreu, le
grec, et s'était occupé avec un très-grand soin
des antiquités chrétiennes ; qu'il possédait une
très-riche bibliothèque renfermant les ouvrages les plus rares et un grand nombre de manuscrits en hébreu, en arabe, en grec, recueillis dans toutes les contrées de l'Europe, et qui
n'avaient jamais été imprimés. Ce prélat,
ajoute M. Cayre, mettait très-gracieusement
ses trésors bibliographiques à la disposition
des savants, dont il se montra toujours l'appui
et le père. » Un catalogue de la bibliothèque
de Mac-Carthy cite un manuscrit de Charles
de Montchal intitulé : *De plantib. veter. script.*
1648, et cette citation est, je crois, la seule
chose que l'on connaisse jusqu'à ce moment de
cette œuvre de botanique. Je possède un bel
exemplaire de l'*Histoire des plantes de Théophraste*, commentée par Scaliger, superbement
relié aux armes de Charles de Montchal, et
dans lequel les figures sont accompagnées de
notes paraissant avoir été écrites par le prélat
naturaliste.

L'important manuscrit de Tournefort, *Topo-*

que par la collection des livres de Picot de Lapeyrouse, dont la ville fit l'acquisition en 1823. Cette acquisition est la seule largesse extraordinaire faite jusqu'à l'année 1867 par la municipalité à la bibliothèque publique. Jusqu'à cette dernière époque, cet établissement ne s'est accru que par les dons de livres que le gouvernement accorde parfois et par les achats qu'il peut faire avec la minime somme de 1,800 fr. annuellement allouée pour achats de publications et frais de reliure. Ce chiffre de dépense, on le devine, n'a jamais été en rapport avec les besoins de la bibliothèque ni même en harmonie avec les sacrifices que la ville s'impose pour d'autres services, à coup sûr bien moins intéressants que ceux de la portion scientifique de cet établissement.

Durant le séjour prolongé du professeur Moquin-Tandon parmi nous, la ville commença la formation d'une série moderne de botanique pour la Bibliothèque. Elle ne fut pas bien étendue ; voici uniquement ce qu'elle comprit de 1833 à 1852 : le Prodrome de De Candolle (*Prodromus systema. nat. vegetabil.* Paris, I-XVI. 1824-1869) ; l'*Enumeratio plantarum*, de Kunth ; l'Histoire des végé-

graphie botanique, qui faisait partie de la bibliothèque de Lapeyrouse, est égaré. Au reste, la botanique est étrangère aux sciences représentées par les 700 manuscrits de la bibliothèque de la ville. Le catalogue général de la bibliothèque, préparé sur feuillets séparés par M. Pons, bibliothécaire, n'a pu être encore imprimé, mais il est obligeamment communiqué aux intéressés. Il est divisé sur le plan de la distribution de la bibliothèque nationale, et n'occupe pas moins de 5 rayons étendus, dans le cabinet du bibliothécaire.

taux fossiles, de M. Ad. Brongniart; le Dictionnaire iconographique, de Pritzel (*Iconum. bot. locupletissim.*, 1854) ; les *Types* (à figures coloriées) *des familles botaniques*, de M. Plée; la *Flore et la Pomone françaises*, de Jaume Saint-Hilaire; la *Flore italienne*, de Bertolini (1833-1842), et la *Flore du Brésil méridional*, publiée par Aug. de Saint-Hilaire, de Jussieu et Cambessedes (1825-1832.) Comme on le voit, la portion cryptogamique, en ouvrages généraux et particuliers, fut négligée.

A l'avénement de M. le professeur Filhol à la mairie de Toulouse, la Bibliothèque fut dotée des diverses séries complètes des *Annales des sciences naturelles* (partie botanique), depuis leur publication en 1824, et des *Icones floræ Germaniæ et Helvetiæ*, de Reichenbach (25 volumes in-4°), qui renferment plus de 3,000 figures de plantes phanérogames en couleur.

Dans les dernières années écoulées, la Bibliothèque a reçu l'*Histoire des Equisetum de France*, de M. Duval Jouve, et les trois livres classiques de M. Duchartre, de MM. Le Maout et Decaisne et de M. Germain de Saint-Pierre, *vade-mecum* précieux que tout botaniste doit posséder : (*Eléments de botanique, 1867 ; Traité général de botanique. 1868 ; Nouveau dictionnaire de botanique, 1870.*)

La bibliothèque de Lapeyrouse contient 200 ouvrages de botanique environ. Il n'y en a aucun (Lapeyrouse mourut en 1818), dont la publication ou le commencement de publication soit postérieur à l'année 1810. On n'a pas complété quelques-uns des grands ouvrages dont Lapeyrouse avait reçu la première partie

ou les premiers tomes, de son vivant.
Les botanistes des 16ᵉ et 17ᵉ siècles sont
à peu près au complet dans cette collection depuis Othon Brunfels (1530, et édition de 1537) jusqu'à Linné. Plusieurs ouvrages de luxe à figures font partie de ce
fonds. Il faut citer parmi les raretés, les
ouvrages de Nicolas Jacquin, notamment
les *Icones Plant. rariorum* et le *Flora
austriaca ;* les *Plantœ selectœ* de Trew,
les ouvrages de Scopoli, entre autres les
Deliciœ florœ (1) du savant naturaliste
Piémontais. On rencontre encore les

(1) Deux planches de cet ouvrage sont dé-
diées, l'une à Picot de Lapeyrouse, l'autre au
comte Alphonse de Castiglione, zélateur de la
botanique, protecteur de Scopoli, et cette circonstance me reporte sur une lettre du correspondant du floriste pyrénéen (ma collection
d'autographes), qui peut jeter quelque jour
sur la communication faite récemment à la
Société botanique, par M. l'abbé Chaboisseau
(séance du 11 novembre 1870), touchant un
précieux manuscrit de Scopoli. Le comte de
Castiglione écrit à Lapeyrouse, le 11 novembre 1873 : « Envoyez-moi, je vous prie, vos
titres d'honneur, afin que Scopoli les fasse
graver au bas de la planche qui vous est offerte comme *souscripteur*. Je compte vous
adresser bientôt un exemplaire des *Deliciœ* que
vous voudrez bien accepter comme une marque de ma reconnaissance. Vous trouverez
dans cet ouvrage la description et la gravure
du *Lycoperdon arrizon*, que je découvris l'an
dernier aux environs de Mozatte. Puisque ces
productions vous intéressent, je vous commu-
niquerai les dessins des *Fungi carniolici*, que
je tiens de l'amitié de leur auteur..... » La
planche dédiée à Lapeyrouse est la 8ᵉ du fasc.
11 (*Atriplex Alba*), avec cette suscription :
*Auspiciis Ill. D. D. Philippi Picot de Lapey-
rouse, baron de Bazus, Acad. Parisiens., Holm.
et Tolosani socii, etc., etc.* » Le *Lycoperdon
arrizon* **Scop.** (*Lycoperdon arrhizum* Batsch ;

Roses et les *Liliacées* de Redouté, sur velin grand-infolio ; les *Plantes grasses* et les *Astragales* de P. De Candolle ; le *Jardin de la Malmaison* de Bonpland ; les *Plantes rares de la Sicile*, de Boccone ; le *Flora Atlantica*, de R. Desfontaines ; l'*Histoire des Carex*, de Schkuhr ; les *Erica*, de Wendland ; l'*Hortus Eystettensis*, de Bresler, dans un format ou on n'imprime guère plus aujourd'hui ; enfin le remarquable *Floræ danicæ*, réduit toutefois à la seule portion fournie par Oeder. La Cryptogamie est notamment représentée par les *Icones fungorum* de Persoon ; les champignons de la Bavière de Schaeffer ; les Lichens d'Hoffmann (*Descriptio et adumbratio*), etc.; les Mousses d'Hedwig (*Species muscorum*, etc.), moins les suppléments de Schwaegrichen. Le livre imprimé le plus ancien dans la série Botanique de la Bibliothèque publique de Toulouse, après l'*Histoire des Plantes de Théophraste* (édition de 1513) et les figures des Plantes de Brunfels (*Herbarum*

Bovista nigrescens Pers?) est représenté par la pl. 18. Scopoli dit : « *Fungum hunc inveni circa Mozatte 1783. Ill. com. Alph. Castiglioni amabili atque erudito consortio meas curas leniebam.* » Les *Fungi carniolici* que possède aujourd'hui M. l'abbé Chaboisseau, avec la dédicace de Scopoli à son ami de Castiglione, durent être adressés à Lapeyrouse et dispersés du vivant de ce dernier ou après sa mort. La correspondance du savant toulousain mentionne d'ailleurs un certain nombre d'ouvrages qui ne sont point inscrits au catalogue de la bibliothèque acquise par la ville, notamment les figures de champignons de Scopoli, les *Icones* de Cavanilles, publication estimée qui est devenue fort rare ; le Moussier de Schwaegrichen et les Champignons de Bulliard, qui font partie aujourd'hui de mon cabinet.

6

vivæ, 1530), en dehors du fonds Lapeyrouse, est un petit in-4º de l'année 1536, qui a pour titre : *Herbarium imagines vivæ* (*Egenolphus excudebat*). Ce livre contient la représentation de 180 plantes gravées sur bois et enluminées, il est cité dans le *Thesaurus* de Pritzel. La mise en couleur des figures paraît être moins ancienne que l'impression.

11º EXISTE-T-IL UN MUSÉE PUBLIC D'HISTOIRE NATURELLE ; POSSÈDE-T-IL DES COLLECTIONS DE BOTANIQUE ?

Ce musée existe à Toulouse dans les bâtiments de l'ancien cabinet d'histoire naturelle de l'Ecole de médecine, réunis aujourd'hui avec le premier étage du monastère des Carmes, dépendant du jardin des plantes. La ville de Toulouse a fait dans ces dernières années (1872) d s dépenses considérables pour l'appropriation de nouvelles salles rendues indispensables par les accroissements successifs des collections de tout genre dont le dépôt s'est promptement enrichi. C'est grâce aux efforts persévérants de M. le professeur Filhol, créateur, dès 1865, du cabinet d'histoire naturelle de l'Ecole de médecine (qui a été l'origine du muséum municipal actuel), que nos édiles ont enfin compris qu'au 19ᵉ siècle il était choquant pour la réputation de la « ville savante » de n'avoir pas à montrer un musée d'histoire naturelle, alors que tant d'autres villes qu'elle prime si haut avaient sur elle cet avantage (1).

(1) Quoique la paléontologie échappe à une *statistique botanique* du département, il est impossible de parler du musée d'histoire natu-

La portion botanique de ce nouvel établissement a déjà une certaine importance. Elle occupe ou occupera la salle dite des Herbiers, avec les collections données par M. le directeur.

relle de Toulouse sans dire un mot de la belle collection de *Paléontologie quaternaire* qui fait de ce musée un des premiers musées paléontologiques de France. Citer cette collection, c'est rappeler encore son généreux fondateur, M. le professeur Filhol, directeur de l'école de médecine, dont les fouilles ont permis de reconstituer le premier ours des cavernes qui ait paru en France.

L'importante *galerie des cavernes*, due entièrement à M. Filhol, dit le registre des entrées, remonte à l'année 1865. Elle réunit :

1o Les objets de l'âge de la pierre polie, qui figurèrent à l'exposition universelle ;

2o Les séries d'ossements de l'âge du renne et de l'âge de l'ours, au nombre de plus de 4,000 pièces provenant de plusieurs cavernes ou grottes successivement explorées par M. Filhol. (L'Herm, le Mas-d'Azil, Salle-les-Cabardès, Niaux, Bédeillac, Sabart, Lombrives, Minerves, Bise, Arbas. — *Penna blanca* et *las pigas de Cuença*. — Buichetta et station du Verdier à Montauban).

Les dons de M. Filhol provenant de ses collections particulières, de ses recherches ou de ses relations, se retrouvent encore dans les autres séries du musée : Une collection de minéralogie donnée à l'école de médecine en 1859 ; deux autres collections du même genre, savoir : Tous les échantillons provenant de l'exposition universelle et la collection de l'ingénieur Cordurier. Les fossiles de la molasse de Toulouse, ceux des environs d'Aurignac (hippurites, sphœrulites, etc.) ; ceux de Dax, recueillis par M. Hector Serres. — Les polypiers de Paillon près Saint-Martory. — Les beaux insectes du Brésil rapportés par M. Victor Rouède, etc., etc.

Les ossements fossiles existent par milliers dans les magasins. L'importance des dons que

L'*Herbier Marchand*, cité dans la réponse à la 4e question, prendra le second rang après l'herbier Lapeyrouse, dont il est censé être l'appendice.

Herbier Violet. Ce recueil renferme les plantes phanérogames toulousaines et portion de la flore d'Alsace. Violet avait été en relations scientifiques avec Montagne et Fée, ses anciens camarades. A sa mort, M. le professeur Filhol acquit l'herbier et le déposa à l'école de médecine.

Herbier Capelle. Plantes phanérogames de France de divers collecteurs (Bordère, Dœnen, Faye, Jacquel, Puel, Questier, Rossignol, etc., etc.), et plantes de jardin. Legs fait à la Société d'histoire naturelle, avec les doubles de la

notre musée a faits au museum du Jardin des Plantes de Paris a été assez grande, M. Milne Edward le déclara publiquement à la Sorbonne en 1869, pour que cet établissement ait pu envoyer des ossements fossiles provenant des fouilles exécutées par M. Filhol, à presque tous les musées de France. Le musée d'histoire naturelle de Caen possède un squelette monté d'*Ursus spelœus*, provenant de ces dons. On a reconstitué cinq autres squelettes d'ours des cavernes qui décorent, outre la collection nationale de Paris, les musées de Bordeaux, de Dublin, etc., et ces échanges ont procuré à la collection toulousaine des pièces capitales qui lui manquaient.

Les curieux ne cessent de s'extasier devant les beaux échantillons de *Felis spelœa*, d'*Hycna spelœa*, de cerf, de loup, de renard qui témoigneront toujours notamment de la fécondité du gîte de l'Herm et de la sagacité de son savant explorateur.

M. le docteur Filhol fils a donné au musée deux collections : l'une des terrains jurassiques de la Bourgogne, l'autre des vaches noires de Normandie.

collection conchyliologique de **M. C. Roumeguère.**

Herbier A. Peyre. Collection donnée au musée par la famille de ce regretté botaniste. Ce recueil contient des plantes phanérogames de France, de Suisse, d'Allemagne et d'Italie et une collection de fougères de la Martinique, des récoltes de l'Herminier distribuées par A. Fée.

Les herborisations des membres des deux Sociétés d'histoire naturelle séantes à Toulouse que l'on dit être disposées à se réunir prochainement en une seule compagnie, forme une collection distincte répartie en *herbier départemental* et en *herbier général*.

Il n'y a pas avantage pour l'étude à conserver séparément ces collections diverses de plantes, au contraire il semblerait utile de les confondre en une ou deux collections : L'herbier pyrénéen ou l'herbier spécial au département et l'herbier général par exemple, tout en respectant les étiquettes originales et en plaçant sur chaque fascicule l'estampille rappellant la collection d'où la plante a été extraite. On procéderait incessamment, si je suis bien informé, à ces remaniements nécessaires des herbiers ; mais cette mesure est encore subordonnée à la fusion projetée des deux Sociétés et à la réintégration dans le musée des collections botaniques de la Société de médecine qui en ont été séparées.

Dans la salle du musée figurent les *mousses des Pyrénées* recueillies, par M. Fourcade, de Bagnères-de-Luchon. Ce sont deux grands tableaux sous verre, que ce botaniste envoya à la dernière exposition internationale à Paris, et dont il a fait don à notre établissement. Ce botaniste a eu l'ingénieuse idée de dresser ses mousses en touffes ; imitant sur des bandes de carton superposées le port de la plante dans la nature. Ces mousses soigneusement étiquettées, représentent la bryologie pyrénéenne à peu près complète. Il est dommage que l'action de la lumière (inévitable puisqu'on a voulu représenter aux yeux du public l'ensemble de la collection) ait promptement altéré la couleur naturelle des sujets. La teinte paille uniforme que les mousses ont prise, les rend méconnaissables comparativement à la couleur que la plupart d'entre elles conservent dans les herbiers.

Végétaux fossiles. Des empreintes de fougères, grandes pièces ornementales qui décorent les vitrines au nord de la salle des fossiles, au nombre de 130, provenant des mines de Carmaux, ont été données par M. Filhol. Les empreintes d'autres végétaux (Amentacées, Conifères) de conservation admirable, au nombre de 50 environ et provenant des carrières d'Armissan, rappellent encore la générosité du même donateur.

Les collections botaniques de l'auteur de la *Flore du Bassin sous-pyrénéen* comprennent :

1° Les plantes décrites dans la flore ; 2° Une série assez complète d'empreintes de végétaux parmi lesquelles on distingue celles de l'âge miocène découvertes près de Toulouse ; 3° le cabinet de Louis de Brondeau. Ce dernier botaniste mourut à Reignac, aux environs d'Agen, en 1859, âgé de 65 ans Il avait collaboré à la Flore Agenaise de Saint-Amans et s'était fait connaître d'abord par quelques mémoires mycologiques publiés dans les recueils des sociétés Linnéennes de Paris (1825-1830) et de Bordeaux (1840-1857), ensuite par son talent de dessinateur et de coloriste, employé à la représentation des cryptogammes Agenaises. Les *Reliquiæ* de Louis de Brondeau consistent en deux Herbiers, l'un de France, l'autre exotique, et en huit albums consacrés à l'iconographie coloriée de 500 cryptogames de l'Agenais environ. Ces albums sont la portion capitale du cabinet.

La fusion projetée des Herbiers sollicite aussi la réunion des livres de botanique dans un seul et même dépôt. La bibliothèque du Dr Noulet réunie aux publications que les sociétés d'histoire naturelle et des sciences physiques ont réunies depuis leur création (600 ouvrages environ, y compris les publications de plus de cent sociétés savantes dont huit étrangères, et quelques livres importants donnés par les ministères), forment déjà une ressource précieuse pour l'étude. Voici les vœux que j'ai entendu formuler et à la réalisation desquels ne peuvent manquer de s'intéresser tous les botanistes : 1° La réunion au Musée d'histoire naturelle de la bibliothèque Lapeyrouse et de ses accroissements récents perdus aujourd'hui au milieu des 60,000 volumes de la bibliothèque dite du Collége ; 2° la rédaction à bref délai d'un catalogue de tous les ouvrages d'histoire naturelle réunis, ainsi que d'un inventaire détaillé des collections du Musée ; 3° l'accès de la nouvelle bibliothèque spéciale rendu aussi facile que celui de la bibliothèque publique et du Musée lui-même. Disséminées, ces ressources scientifiques ne peuvent être à l'usage que de quelques privilégiés; réunies, elles entrent dans le domaine public, c'est-à-dire, qu'elles sont à l'usage de tous et là est bien la pensée généreuse qui occupa un jour M. le professeur Filhol, lorsque se dépouillant de ses propres collections il fonda le Musée. Il est certain que mises en pratique, les dispositions nouvelles que l'on demande doivent seules permettre à l'œuvre municipale de répondre à sa destination véritable.

12º QUELLES SONT DANS LE DÉPARTEMENT LES PERSONNES QUI S'OCCUPENT DE BOTANIQUE, EN INDIQUANT LEUR RÉSIDENCE, L'OBJET SPÉCIAL DE LEURS RECHERCHES, LEURS TRAVAUX DÉJA PUBLIÉS ?

En répondant aux questions précédentes, j'ai à peu près satisfait à celle-ci. Je n'aurai donc qu'à mentionner un petit nombre de personnes dont je n'ai pas encore eu l'occasion de citer les noms et à résumer ce qui a été dit, ou à énoncer ce qui aurait pu être dit quant aux autres.

M. le professeur Clos mène de front, avec une activité des plus louables, les devoirs de son double professorat d'abord, ceux de la direction du jardin, et ses études variées de physiologie végétale. A côté des *Observations tératologiques*, (thème inépuisable, auquel la nature trop féconde en ses écarts contre l'habitude, fournit chaque jour une page nouvelle, et sur lesquelles le savant professeur sait porter depuis plusieurs années une vive lumière), prennent place les questions philologiques. C'est la discussion d'un grand nombre de points de *Glossologie botanique*, échelonnés depuis quinze années dans plusieurs recueils, et qui forment déjà un ensemble de doctrine assez complet. C'est encore la *Revue critique des dénominations françaises des*

plantes, travail neuf, original, que M.
Clos poursuit avec persévérance et qui,
s'il ne le complète, marche du moins pa-
rallèlement pour l'étude avec le précédent. Ce sont enfin des *monographies,* ou
l'élucidation de *Questions de physiologie
végétale,* qui témoignent de temps à autre des connaissances spéciales et de l'activité du directeur du jardin de Toulouse.

M. E. Timbal-Lagrave eût pu déjà produire sa *Flore d'Aquitaine*, but d'anciennes et importantes recherches dans
le midi de la France ; mais ce zélé botaniste connaît l'étendue de la mission qu'il
s'est donnée, et les études descriptives
qu'il a publiées et qu'il publie encore
tous les jours pour un grand nombre d'espèces et même de genres, indiquent (sous
les rapports notamment de l'appréciation approfondie des caractères de la
plante et de l'étude châtiée de sa synonymie) le degré de perfection qu'il veut
procurer à son œuvre. Les travaux de
M. Timbal-Lagrave se rattachent particulièrement, depuis quelques années, à
une nouvelle révision des plantes pyrénéennes.

M. Timbal-Lagrave fils a puisé de
bonne heure, auprès de son père, le
goût de la botanique. Compagnon de ses
herborisations d'abord, il a pu ensuite
prendre une part utile à la publication
de quelques-uns de ses récents travaux.
Ces débuts favorables montrent que le
jeune botaniste doit marquer un jour sa
place parmi les maîtres.

M. Ch. Musset, chef d'institution à
Toulouse, connu par la participation laborieuse et de bonne foi qu'il a donnée
jadis aux expériences fort controversées
de M. le professeur Joly sur la généra-

tion spontanée, applique aujourd'hui ses connaissances spéciales à des recherches d'anatomie et de physiologie végétale. Ses premières études publiées dans ce dernier ordre de travaux concernent la végétation des Oscillaires et le phénomène de l'éjaculation d'une sève aqueuse par les feuilles du *Colocasia*.

Le Frère Joséphin , sous-directeur du pensionnat Saint-Joseph de Toulouse, a recueilli beaucoup de plantes autour de la ville , surtout dans le grand embranchement des cryptogames. Il compte plusieurs bonnes découvertes guidées par un goût très prononcé et aussi par des connaissances réelles. Les recherches accomplies convient notre estimable professeur à donner à ses élèves une *Florule cryptogamique des environs de Toulouse*. Les matériaux sont réunis ; le texte est peut-être écrit. Il ne reste probablement aux amis de la botanique locale qu'à vaincre la modestie du maître.

Le père Poitrasson, professeur au collége Sainte-Marie , à Toulouse , étudie l'intéressante tribu des *Glumacées*, avec l'intention d'en faire une nouvelle monographie. Les relations lointaines de l'institut des Jésuites ont permis à ce botaniste de réunir des types des contrées jusqu'à ce jour les moins explorées par les voyageurs naturalistes, et ces facilités exceptionnelles font bien augurer du résultat prochain de cette autre étude scientifique.

M. Judicis, archiviste de l'ancien parlement, étudie la flore toulousaine avec passion. Son herbier des plantes supérieures est un rare modèle de collection de plantes complètes. Ses échantillons sont si bien préparés, qu'ils conservent, quoique desséchés, leurs couleurs et presque les formes qu'ils avaient dans la nature. Les notes de ce soigneux collecteur, écrites sur le vif, et la constatation rigoureuse qu'il a faite des habitats importants, recommandent sa collection pour la nouvelle édition de la flore Toulousaine de M. Arrondeau, qui est en préparation.

M. Ch. Fourcade, vétérinaire à Bagnères-de-Luchon, poursuit avec un zèle toujours grandissant la recherche des *Muscinées pyrénéennes* dont il a publié des *exsiccata* pouvant suppléer au recueil aujourd'hui épuisé de M. Robert Spruce. M. Fourcade, après avoir produit une *flore médicale* en échantillons naturels, une *flore agricole* également appuyée de la plante elle-même, a entrepris des *Eléments de Botanique* où il intercalle, comme explication du texte, les organes végétaux naturels. Le soin minutieux que ce préparateur botaniste prend pour bien choisir, bien dessécher et bien conserver ses types d'étude, recommande son ingénieuse entreprise. En employant l'objet lui-même pour ses démonstrations (les racines, les tiges, les feuilles, les organes de la fleur, jusqu'aux tissus de la plante et de l'arbre!) M. Fourcade a espéré de rendre ses exemples plus saisissants pour l'élève que ne peuvent le devenir pour ce dernier un dessin, une figure, quoique bien exécutée.

Les notions élémentaires qui accompagnent le nouveau livre de M. Fourcade ont été écrites par M. le docteur Gourdon, professeur à l'Ecole vétérinaire de Toulouse. Ces notions concises et complètes néanmoins, ont beaucoup contribué à la faveur dont jouit ce livre aujourd'hui classique.

Sur les confins de la Haute-Garonne, un de mes savants confrères, M. Lagrèze-

Fossat, avocat à Moissac, s'occupait depuis quelques années d'un mémoire historique plein d'intérêt sur une question qui n'a pas été traitée encore, l'*Epoque de l'introduction dans le midi de la France des espèces agricoles qui y sont aujourd'hui cultivées*. Cette étude, ébauchée jadis pour l'Alsace par le professeur Kirchleger, avait appelé quelquefois M. Lagrèze-Fossat à Toulouse. Il recherchait assiduement, les mentions faites par les anciens auteurs de livres de jardinage ou de botanique et spécialement les anciens manuscrits rappelant les articles des capitulaires de Charlemagne, où sont indiquées les plantes usuelles qu'il était permis de cultiver. J'avais été associé à ces recherches ; elles touchaient presque à leur terme lorsque la mort est venue surprendre notre laborieux et bien regretté confrère (1).

(1) Adrien Lagrèze-Fossat était fort connu par sa *Flore du département de Tarn-et-Garonne* (1841). Il était à peu près Toulousain, car il avait passé les premières années de sa jeunesse dans nos écoles et pris chez nous ses grades universitaires. Elève assidu et ami de Moquin-Tandon, c'est à ce maître qu'il avait fait un hommage public du livre que tous les botanistes considèrent encore aujourd'hui, et avec raison, comme un des ouvrages de botanique descriptive les mieux conçus et les plus complets. On n'a pas oublié les recherches de Lagrèze-Fossat sur la reproduction des *Avena fatua* L. et *Ludoviciana* DR., ces fléaux des moissons, et le moyen facile qu'il indiqua aux agriculteurs pour les faire disparaître. D'un commerce agréable et facile, Lagrèze-Fossat savait s'attacher tous ceux qui nouaient avec lui quelques rapports. Ami de Chaubard, d'Agen, il eût voulu, à la mort de ce botaniste, me faciliter l'examen de l'important manuscrit de la *Flore du bassin de la Garonne*, qui inté-

Me sera-t-il permis de dire un mot de mes propres études ? Le désir d'être complet dans cet inventaire rompt mon hésitation.

En produisant en 1857, la *Monographie des mousses et des lichens du bassin*

ressait beaucoup notre département, et c'est par lui que j'appris que dans son testament Chaubard avait laissé une somme de 6,000 fr. pour l'impression de cette Flore, mais que ses héritiers (parents éloignés et riches) avaient obtenu légalement de ne pas remplir à ce sujet la volonté du testateur, enfin que le manuscrit devait être considéré comme perdu pour les botanistes. Triste résultat des calculs qui peuvent faire oublier la volonté d'un mourant et priver ses admirateurs de l'œuvre qui occupa les meilleures années de sa vie ! Un naturaliste bien connu avait déclaré que le manuscrit de Chaubard « était arriéré et devait contraster péniblement, pour la mémoire de son auteur, avec les autres productions qu'il avait publiées » Combien ce jugement dut surprendre les érudits agenais, ceux surtout que j'ai eu occasion d'entendre et qui avaient conservé avec Chaubard des rapports qui ne finirent qu'à sa mort. Ceux-là, botanistes instruits, rendaient plein et entier hommage aux observations et aux analyses consignées dans l'importante étude dont leur ami avait permis qu'ils prissent connaissance. Aurait-il pu en être autrement pour tous les botanistes, lorsqu'on se rappelle que la préparation de la *Flore du bassin de la Garonne* remontait à vingt années avant la mort de Chaubard, et qu'une œuvre de moindre importance (celle-ci, la dernière écrite, et pour laquelle Chaubard avait lui-même buriné les figures d'une main sénile, mais très assurée, ses *Fragments de Botanique critique*) montre que l'auteur avait, sinon devancé, du moins appliqué, dans ses dernières descriptions si précises des végétaux et dans la manière de distinguer les différentes espèces les unes des autres, les progrès de la science actuelle ?

de la Garonne, qui m'occupait alors depuis plusieurs années, j'ai eu l'intention de fournir un chapitre de la Flore cryptogamique de cette belle région. Depuis cette époque, je n'ai pas perdu de vue la réalisation du programme proposé par le congrès scientifique de France dès 1852; aussi j'ai poursuivi et je poursuis encore mes recherches avec le ferme propos de les mener à bonne fin. J'ai cherché des facilités d'étude et je crois les avoir trouvées en écrivant l'histoire des plantes inférieures et en exposant à leur sujet l'état actuel de la science. A l'aide des subventions de l'Etat, j'ai donné les deux premiers volumes de ma *Cryptogamie illustrée* et la distinction récente dont m'a honoré l'Institut, m'encourage à ne pas différer plus longtemps le complément de ma publication (*Algues* et *Muscinées*).

Dans ces dernières années plusieurs séries de correspondances scientifiques anciennes et de ce nombre celle conservée par Picot de Lapeyrouse, sont venues accroître ma *Collection d'autographes*. Les familles de quelques illustrations botaniques de notre midi ont bien voulu mettre à ma disposition les documents épistolaires qu'elles conservaient et ces circonstances heureuses pour tout investigateur d'un passé méritant et qui l'intéresse m'ont permis déjà et me permettront sans doute encore de fournir quelques pages à l'*Histoire de la botanique méridionale*, sujet entre temps de mes plus chers délassements.

13º ONT-ELLES UN HERBIER GÉNÉRAL, SPÉCIAL OU LOCAL ?

Les réponses aux questions précédentes me semblent avoir satisfait à celle-ci. Cependant, à raison de l'absence à peu près complète à Toulouse d'éléments d'étude et de comparaison concernant les plantes cryptogames, je vais indiquer les collections que j'ai réunies et que plusieurs de mes confrères en botanique sont habitués à compulser chez moi librement. Ces collections comprennent :

1º Un *Herbier général*, que j'accrois tous les jours, grâce au concours obligeant de mes correspondants dans les deux hémisphères ;

2º Un *Herbier spécial du bassin de la Garonne*. Cette collection renferme toutes les familles de la Cryptogamie ; elle occupe plus de 200 cartons. Chaque espèce est représentée par des échantillons libres (renfermés dans une capsule, enveloppe ou boîte) et par des échantillons fixés ; elle est l'objet d'un fascicule distinct. Ces fascicules sont disposés par départements (les 14 de la région), et les spécimens classés selon leur provenance géographique en procédant du nord au sud, ce qui permet de constater l'influence que peut avoir sur l'espèce la latitude et le climat. C'est l'arrangement qui a été adopté, je crois, au Musée botanique de Florence, et qui devrait l'être pour tous les herbiers un peu importants ;

3º Deux séries d'*Herbiers spéciaux des diverses contrées de l'Europe et des régions extra-européennes*. Dans ces importantes séries, rentrent à peu près tous

les *Exsiccata* déjà publiés et ceux qui
sont encore en distribution, ainsi que les
doubles des collections particulières ac-
cordés à mon cabinet par de savants mo-
nographes ou par des établissements publics.

Dans la 1re série sont groupées les plantes desséchées et bien connues qu'ont publiées le docteur L. Rabenhorst, Desmazières, Mougeot et Nestler, Jack, Lei-
ner et Stizemberger , Wartmann et
Schrenck, Westendorp et les botanistes
italiens contemporains dans l'*Herbario
Crypt. Italiano*. Dans la 2e série figurent
les exsïccata particuliers à une famille
de plantes. J'indique les principaux :

Algues marines ou d'eau douce. Celles
publiées ou réunies en collections par de
Brebisson, chevalier Breutel, Chauvin,
Crouan frères, René Lenormand et MM.
Ardissone, Caldesi, O. Debeaux, Kutzing,
Lebel, Marcucci, de Notaris, Paul Rich-
ter, van Heurck et Zanardini, etc.

Lichens. Les exsiccata ou les doubles
des herbiers de Delise, A. Fée, W. Hooker , Massalongo , Montagne , Philippe,
Schœrer, G. Schimper, Sartorius, Thomp-
son et MM. Fries, Helbom , Holzinger, le
Jolis, Leighton, Lorentz, Lojka, Malbran-
che, Nylander et H. Willey, etc.

Champignons. Les exsiccata ou les
doubles des herbiers de Castagne, Grognot, Roussel, Streinz, Tillette de Cler-
mont et de MM. J. B. Ellis, W. Phi-
lipps, Rabenhorst, Saccardo, Thumen,
E. Vize, etc.

Mousses et hépatiques. Exsiccata publiées ou collections formées par Blume,
de Brebisson, Hahn, Lindig, Mettenius
Sullivant et MM. Beccari, E. Besche-
relle, E. Duby, Etienne, Fourcade, Gots-
che, F. Gravet, Husnot, de Notaris, D^r

Rabenhorst, W. Schimper, R. Spruce, Warnstorf et Zetterstedt.

Les plantes cryptogames se prêtent aisément par leurs dimensions plus réduites que celles des plantes supérieures, à la formation d'herbiers en volumes qui sont d'un usage agréable et facile. On peut les considérer comme une *Annexe* de l'*herbier général* et comme un démembrement du même herbier en ce qui concerne les types fournis en doubles par divers botanistes et répétés alors dans la collection générale qui est riche en échantillons, provenant de MM. Delise, Duby, Fée, Fries, Hampe, Lorentz, Lenormand, Mougeot, Montagne, Milde, Nylander, de Notaris, Schœrer, Schimper, etc., etc.

14° BIBLIOTHÈQUES PARTICULIÈRES INTÉRESSANT LA BOTANIQUE?

La bibliothèque de M. le professeur Clos qui occupe au jardin des plantes les mêmes rayons qui ont servi longtemps à conserver les livres de Moquin Tandon renferme un très grand nombre de publications sur l'anatomie et la physiologie végétales, la botanique descriptive et la géographie des plantes. La disposition méthodique d'une bibliothèque, importante alors quelle occupe plusieurs salles, et où doivent prendre place successivement à côté des publications étendues, quantité de brochures et opuscules de mince volume, n'est pas toujours aisée à obtenir au point de vue de la promptitude des recherches. Les amis du professeur et les habitués de son cabinet qui ont pu constater ces facilités chez Moquin Tandon, les retrouvent pleinement chez M. le professeur Clos.

La bibliothèque de M. Timbal-Lagrave est plus particulièrement composée d'ouvrages de botanique systématique et descriptive, anciens et modernes, dans le grand embranchement des plantes phanérogames.

M. le comte de Castillon, au château de Castelnau-Picampeau près de Toulouse zélé amateur d'horticulture, a introduit dans la contrée quantité de végétaux étrangers dont il soigne l'acclimatation. Sa bibliothèque est riche en livres anciens sur la botanique et la pratique du jardinage. Il collige avec passion et une grande intelligence toutes les raretés bibliographiques et les incunables se rattachant au premier des arts que l'homme a cultivé.

J'ai réuni dans mon cabinet, indépendamment des ouvrages généraux de botanique, et des publications périodiques spéciales, la plupart des Flores et des Monographies anciennes et modernes ayant trait aux plantes cryptogames. J'ai suivi pour le classement de mes livres la distribution méthodique qu'avait adoptée jadis Benjamin Delessert dans ce musée parisien, qui rendit, tant qu'il a existé, de si grands services à tous les amis de la Botanique, et je l'indique comme le cadre qui me paraît le plus commode pour les recherches.

1re série. Ouvrages sur les plantes prises en général : *Botanique élémentaire* (Etudes générales de la botanique). *Anatomie et physiologie* (Les plantes considérées sous le rapport de leur structure). *Descriptions et figures* (Formes des plantes. Phytographie générale). *Flores* et *Monographies* (Phytographie spéciale). *Géographie botanique* (Stations des plantes). *Botanique médicale, agricole, industrielle* (Les plantes considérées sous le rapport de leurs applications diverses). *Poëmes , Histoire , Eloges* (Littérature botanique).

2ᵐᵉ série. Ouvrages sur deux classes de végétaux prises en particulier : *Cryptogames.* (C'est la section de ma biblithèque la plus complète, celle dans laquelle j'ai réuni notamment les travaux bien connus des auteurs dont les noms suivent : J. C. et C. A. Agardh, Acharius. Bulliard, Corda, Fée, W. Hooker, Hedwig, G. F. et H. Hoffmann, J. Kickx, Lamouroux, Leveillé, Montagne, Ch. Morren, Massalongo, Persoon, Schœrer, Schwœgrichen et ceux de MM. Ardissone, Barla, de Bary, Berkeley, Bornet, de Cesati, Croome, Curtis, Duby, Elias et Th. Fries, Jœger, Kalchbrenner, Kutzing, Krempelhuber, Lindberg, C. Muller, de Notaris, Nylander, W. Schimper, L. Rabenhórst, Tulasne). Dans cette section entrent des ouvrages *iconographiques* qui sé distinguent par leur importance et la beauté des planches qui les accompagnent et qui peuvent être consultées avec fruit aussi bien par le savant et l'artiste que par l'homme du monde. *Fossiles* (Plantes de l'ancien monde).

3ᵐᵉ série. *Histoire naturelle générale* (Dictionnaires, journaux, mémoires de sociétés savantes, ouvrages rassemblés en recueils). *Histoire naturelle du pays. Voyages.*

Tous les hommes d'étude aiment les livres pour leur utilité. Il en est un bon nombre qui les aiment aussi pour les souvenirs qu'ils rappellent. Je conserve sur mes rayons, plusieurs publications dont le mérite me semble augmenté par une signature, des annotations marginales ou des dessins inédits de leurs auteurs. Divers opuscules publiés à Upsal, sous les yeux de Linné, par ses disciples, ont été offerts avec des rectifications et une dédicace autographe du grand botaniste à ses correspondants du midi de la France : Pech, Gouan de Sauvages, ou Séguier. J'en ai recueilli plusieurs. Ma bibliothèque peut exciter encore d'autres sympathies. Je consulte toujours avec reconnaissance les *ex dono* de mes maîtres et amis et je retrouve avec un sentiment mêlé d'admiration et de tristesse divers volumes chargés de l'écriture de Flotow, de Fée, de Schœrer, de Gouan, de Dunal, de Moquin, de Montagne, de Leveillé, épaves précieuses qu'entraîneront peut-être les événements imprévus de la vie, si une main pieuse ne les sauve un jour de l'oubli, peut-être même de la profanation !

Il existe dans quelques collections privilégiées des ouvrages rares et précieux que l'estime et l'amitié ont transmis de génération en génération aux botanistes précisément attachés aux études que ces ouvrages intéressent. Ce précieux usage de placer un trésor bibliographique dans les mains de celui que l'on sait capable de perpétuer le goût de la science par les mêmes moyens dont on use à son égard, ne saurait être trop loué, et il est consolant de le voir se produire quelquefois. Moquin-Tandon avait ainsi recueilli une partie des bibliothèques de Dunal et d'Auguste de Saint-Hilaire ; Camille Montagne, plusieurs ouvrages de W. Hooker et de Webb ; Lapeyrouse les *Champignons de la France* de Bulliard, qu'il devait à l'amitié de Deleuze (1). Je tiens, moi aussi, d'un legs du docteur Roussel, l'exemplaire du précieux livre de W. Hooker, *British Jungermanniæ*, que son dernier possesseur devait à un pareil legs de C. Montagne, témoignage que je suis heureux de donner d'un usage bon à se conserver dans la grande famille des botanistes !

[1] Je conserve cet exemplaire de la 1re édition (10 vol. in-fo à grandes marges), don de Bulliard à Deleuze, sur lequel l'auteur de la *Monographie des fraisiers* (qui avait fait dans sa jeunesse des recherches heureuses en mycologie qu'il communiqua à Bulliard), a inscrit le note suivante : « *Les Champignons de la* » *France* occupèrent treize années de la vie de » l'estimable et si habile dessinateur Pierre » Bulliard. Sa mort survenue au mois de sep- » tembre 1793 suspendit son utile entreprise. » J'ai distrait du présent exemplaire les 122 » planches consacrées aux plantes phanéro- » games, pour conserver entièrement distincte » l'œuvre mycologique de P. Bulliard , qui se » trouve ainsi complète par les 478 planches » réunies par moi en dix volumes. Cette illus- » tration remarquable, comme dessin et comme » coloris, fait le plus grand honneur à la mé- » moire de l'auteur qui a été l'inventeur d'un » procédé artistique si bien inauguré par lui. » *De longtemps on ne refera une telle illus-* » tration, qui, maintenant acquise à la science, » peut servir aux descriptions à venir. On » pourra continuer l'œuvre de Bulliard, mais » les 478 planches représentant plus de 800 » espèces ou variétés de champignons seront » toujours à citer. Les nouveaux descripteurs » auront en elles des images infiniment exac- » tes, prises dans la nature par un botaniste, à » la fois dessinateur et coloriste éminent.

» A.-N, Deleuze. »